小龙虾繁养与加工利用技术

黄春红 著

中国农业出版社

北 京

中国农业出版社

本书资助项目：

湖南文理学院白马湖优秀出版物

湖南省重点研发计划项目"小龙虾良种选育与高效繁殖技术研究与示范"（2020NK2039）

常德市重点研发项目"小龙虾良种选育关键技术创制与应用"（常财企指〔2021〕67号）

湖南省教育厅创新平台项目"克氏原螯虾在不同生长阶段和营养条件下肠道微生物和免疫功能的差异性比较研究"（19K064）

常德市科技计划项目"洞庭湖区低洼稻田稻虾生态种养高产高效模式研究与示范"（2017N018）

常德市科技创新发展专项基金"稻田养殖小龙虾细菌病防控研究与应用"（2019S044）

湖南省重点实验室项目"环洞庭湖水产健康养殖及加工"

前言

　　小龙虾（*Procambarus clarkii*），即克氏原螯虾，也称红螯虾、淡水小龙虾，在世界各地均有分布。小龙虾因为蛋白质含量高于大多数淡水及海水鱼和虾，氨基酸组成优于畜禽，还含有人体所必需的矿物成分等，是我国广泛养殖的淡水种类。目前，有关小龙虾养殖的研究比较多，参考资料也不少，但总体比较零散，系统性也不够强。

　　笔者近5年来先后参与多个小龙虾相关项目，如湖南省重点研发计划项目"小龙虾良种选育与高效繁殖技术研究与示范"（2020NK2039）、湖南省教育厅创新平台项目"克氏原螯虾在不同生长阶段和营养条件下肠道微生物和免疫功能的差异性比较研究"（19K064）、常德市重点研发项目"小龙虾良种选育关键技术创制与应用"（常财企指〔2021〕67号）、常德市科技计划项目"洞庭湖区低洼稻田稻虾生态种养高产高效模式研究与示范"（2017N018）、常德市科技创新发展专项基金"稻田养殖小龙虾细菌病防控研究与应用"（2019S044）等，围绕小龙虾的良种选育、稻田养殖、常见疾病防控、营养与饲料、加工与利用等方面开展了一系列的调查与研究工作。

为了系统地介绍小龙虾的养殖与生产过程，进而为小龙虾养殖户、科研人员、专业技术人员、创业人员、高职院校师生等提供参考，著者结合自己在小龙虾产业调查与科学研究方面取得的成果，并吸收了国内外有关小龙虾研究的最新信息，对我国小龙虾的养殖概况、饲料与营养、亲虾培育、虾卵孵化、幼虾培育、成虾养殖模式、常见病害及其防治技术，以及小龙虾及其副产物的加工与利用等全生命周期和全生产过程进行了详细阐述。

本书的实用性、先进性、完整性、科学性均比较强，具有较高的应用价值与学术价值，既有利于指导小龙虾的养殖与生产，也有利于推动小龙虾的深入研究，进而促进小龙虾产业的综合发展。

书中不妥之处在所难免，敬请广大读者批评指正。

著　者

2023 年 4 月

目 录

....

前言

第一章 中国淡水虾养殖概况

中国人工养殖的淡水水产品以鱼类为主，但淡水虾类的养殖量也很大。目前，中国人工养殖的淡水虾以罗氏沼虾、日本沼虾、斑节对虾、南美白对虾、秀丽白虾及小龙虾为主，其他虾类的养殖量相对比较少。《2021中国渔业统计年鉴》数据显示，2020年我国淡水养殖的虾类总产量为348.20万 t，而2011年淡水养殖的虾类总产量仅151.52万 t。其中，淡水虾养殖产量以小龙虾最高，其次是南美白对虾，日本沼虾和罗氏沼虾养殖产量较小龙虾和南美白对虾少。从全国来看，淡水虾养殖产量以湖北省最高，湖北省2020年的淡水虾养殖产量接近100万 t，占全国淡水虾养殖总产量的28.7%。

一、罗氏沼虾

罗氏沼虾，学名 *Macrobrachium rosenbergii*，又称马来西亚大虾、淡水长臂大虾等，在淡水虾中有虾王之称。原产于东南亚，因其食性广泛，食物来源丰富，生长速度很快，以及养殖周期短、营养价值比较高、肉质好而被广泛养殖。罗氏沼虾的体型特征与其他虾类存在较大区别。虾壳通常呈青褐色，并具有2个又粗又长的蓝色前臂，这是其被称为淡水长臂大虾的主要原因。雄性个体的体长最大可以达到40 cm，而雌性个体则相对要小很多，体长最大也仅25 cm左右。作为广泛养殖的淡水虾，罗氏沼虾已成为世界上养殖量排在前三位的三大虾类之一，主养区在东南亚。我国首次引进罗氏沼虾的时间是1976年，目前已在长江中下游、华南地区和江苏、浙江沿海地区进行人工养殖。罗氏沼虾的产量一般为每667 m² 70～100 kg。2020年，中国人工养殖的罗氏沼虾的总产量达到了 16.19 万 t。

二、日本沼虾

日本沼虾，学名 *Macrobrachium nipponense*，属于长臂虾科中的沼虾属，也被人们称为青虾、河虾。日本沼虾的体表颜色比较特别，通常呈现青蓝色，但中部也常见棕色或偏绿色的斑纹。日本沼虾的繁殖能力很强，对环境的适应性也很广，食性比较杂，偏向于摄食动物性食物。由于日本沼虾是一种纯淡水虾，其在亚洲的分布较广，但以日本和中国的淡水水域中分布为多。随着人工养殖技术的发展，日本沼虾目前已在中国许多地区养殖。在我国众多的日本沼虾养殖地区中，河北白洋淀、江苏高邮湖、江苏太湖这三个地区养殖的日本沼虾品质最好。日本沼虾味鲜肉嫩、营养丰富，富含优质蛋白质。2020 年，我国养殖的日本沼虾总产量为 22.88 万 t。

三、斑节对虾

斑节对虾，学名 *Penaeus monodon*，属于对虾科中的对虾属，俗名草虾、黑壳虾、花虾、斑节虾、竹节虾等。斑节对虾是对虾属中个体最大的种类，其对环境的适应性很强，能适应不同盐度的水体，在淡水和海水中均能良好生存，因此在淡水和海水中均可进行人工养殖。成熟个体的体长与成熟的雌性罗氏沼虾接近，最长体长和最大体重分别可达 35 cm 和 600 g，但绝大多数个体的体长和体重范围分别为 22.5~32 cm 及 350~400 g。因斑节对虾喜欢栖息于水草之中，故被称为草虾。斑节对虾的生长速度很快，食性比较杂，适盐范围很广，肉质鲜美，营养丰富，市场需求比较高，因此养殖量也比较大，是世界三大养殖虾类之一。斑节对虾的外骨骼与日本沼虾一样呈现出特定颜色的横斑，但横斑颜色与日本沼虾不同，其横斑为暗绿、棕色和浅黄三种颜色相间排列所致。除此之外，斑节对虾的游泳足也呈现浅蓝色。目前，斑节对虾在我国东南沿海以及广西海域养殖比较多。

四、南美白对虾

南美白对虾，学名 *Litopenaeus vannamei*，又名凡纳滨对虾，属于对虾科中的滨对虾属，其原产地为南美洲的太平洋沿岸水域，与上述的罗氏沼虾和斑节对虾一起并称世界三大养殖虾类。成熟的南美白对虾个体也较大，体长最长可以达到 20 cm 以上。南美白对虾的体色大多偏暗，一般呈浅青灰色，有时也呈现青蓝色。与日本沼虾和斑节对虾不同的是，南美白对虾的外骨骼表面并没有斑纹。有的地方因为南美白对虾的步足大多呈白垩状也称其为白肢虾。南美白对虾于 20 世纪 80 年代末期才被引入中国，仅仅几年的时间我国便攻破了它的人工繁殖技术。21 世纪伊始，我国便大规模地人工养殖南美白对虾，南美白对虾也因此在中国各地广泛养殖。南美白对虾属于杂食性。人工养殖条件下，随着配合饲料的开发与利用，南美白对虾既可以池塘中的有机碎屑为食，也可摄取人工投喂的全价配合饲料。

五、秀丽白虾

秀丽白虾，学名 *Exopalaemon modestus*，又名太湖白虾。白虾为长臂虾科白虾属种类的总称，又名晃虾、江秃、迎春虾，常见于开阔水域，一般个体相对较小，外观呈白色，虾壳较薄，身体几近透明。已知的白虾属虾类共有 6 种，包括脊尾白虾、安氏白虾（部分文献称为曼氏白虾）、东方白虾、长足白虾、秀丽白虾和越南白虾。其中，脊尾白虾、安氏白虾、东方白虾及长足白虾因喜咸淡水水体，主要生活在浅海以及河口附近水域；越南白虾和秀丽白虾因适应淡水环境，主要分布于江河和淡水湖泊中。上述 6 种白虾中，脊尾白虾在中国南北沿岸低盐海域也有分布，是中国重要的经济虾种，年产量可达几千吨。中国的白虾尤以秀丽白虾最为知名。秀丽白虾是太湖中的主要经济虾类，年产量占太湖虾类总产量的 50% 以上。产自太湖的秀丽白虾肉质极为鲜嫩，营养价值也很高。

六、小龙虾

小龙虾，学名 *Procambarus clarkii*，属于螯虾科（也称蝲蛄科）螯虾亚科中的原螯虾属，也被称为克氏原螯虾、红螯虾、淡水小龙虾，是我国重要的淡水经济虾类。小龙虾体型较大，甲壳也较厚，成虾体色多呈暗红色，甲壳部分则近黑色，因其肉味鲜美而广受消费者欢迎。自 2015 年以来，我国小龙虾养殖面积持续扩大，2021 年，我国有小龙虾养殖产量报告的省份多达 23 个。《中国小龙虾产业发展报告（2021）》显示，2020 年我国小龙虾养殖面积从 2015 年的 4 693.33 km^2 增长到了 14 560 km^2。

《2021 中国渔业统计年鉴》数据显示，2020 年我国淡水养殖虾类的总产量为 348.20 万 t，其中小龙虾、南美白对虾、日本沼虾和罗氏沼虾的产量分别为 239.37 万、66.52 万、22.88 万、16.19 万 t。由此可见，小龙虾的养殖产量在所有淡水虾类中排名第一，占到了全国全年淡水虾类养殖总产量的 68.74%。在我国 23 个养殖小龙虾的省份中，小龙虾养殖产量在 15 万~100 万 t 的省份有 5 个，产量由高到低分别为湖北、安徽、湖南、江苏和江西，其小龙虾产量依次为 98.20 万、40.92 万、35.95 万、24.62 万、19.00 万 t，占全国养殖小龙虾总产量的百分比分别为 41.02%、17.09%、15.02%、10.29%、7.94%。小龙虾养殖产量为 1 万~10 万 t 的省份有 4 个，产量由高到低分别为河南 6.11 万 t、山东 5.17 万 t、四川 4.89 万 t、浙江 2.23 万 t。小龙虾养殖产量在 1 万 t 以下的有 14 个省份，产量由高到低分别为重庆、广西、福建、云南、贵州、陕西、广东、上海、黑龙江、海南、山西、新疆、河北和宁夏。小龙虾的加工量也在持续飙升，2020 年我国小龙虾加工量从 2011 年的 15.34 万 t 增长到了 56.61 万 t。

第二章 小龙虾的生物学特性

小龙虾的原始产地为美国的中南部地区与墨西哥的北部地区。小龙虾对环境的适应性特别强，生长发育速度也比较快，在许多国家被当成入侵物种，并被认为与两栖动物和节肢动物群落的衰退有关。小龙虾因为其较高的经济重要性，是世界上引进最广泛的淡水物种之一。日本于1918年将其作为食物、宠物和牛蛙饲料从美国引进。我国的小龙虾则是于1929年经日本引入。由于小龙虾的适应能力特别强，繁育和生长速度较快，现已广泛分布于我国各个地区和各种类型的水体中，小到沟渠、稻田、池塘，大到江河与湖泊均可见。总体而言，不同类型的水体中，以食物丰富的沟渠、池塘及水位较浅的湖泊中小龙虾的分布为多。主产区为长江中、下游地区。小龙虾能广泛地分布于各种水体环境中，与其显著的生态可塑性和生物学特性有关。

一、形态与结构

小龙虾的体形呈圆筒状，其头部、胸部、腹部、尾部分别为5节、8节、7节、1节，即小龙虾的体节共有21节。小龙虾的头部和胸部连一起被称为头胸部，头胸部在整个虾体中所占比例较大，为一半左右，头胸部外骨骼的主要成分为碳酸钙，比较坚硬。小龙虾的头胸部有触须3对，其中靠近前面尖端部位的触须又细又短，靠近后面头部的触须则又粗又长。小龙虾的胸足有5对：第1对特别粗，末端呈螯状，且雄性比雌性更发达；第2、3对末端呈钳状；后2对末端呈爪状。腹足共有6对。尾部有5片强大的尾扇，抱卵期和孵化期的雌虾在爬行或受敌时，为保护受精卵或稚虾免受损害，其尾扇均会向内弯曲。

性成熟的小龙虾，体长一般为 4～16 cm，体色呈暗红或深红色，甲壳部分偏黑色。未成熟个体大多呈淡褐色、黄褐色、红褐色，偶尔可呈蓝色。幼虾外观多为均匀的灰色。

小龙虾由消化系统、呼吸系统、肌肉运动系统、循环系统、生殖系统、神经系统、内分泌系统、排泄系统等部分组成。

二、生活习性

小龙虾不喜强光，不爱游泳，活动空间为水体底部，活动形式为爬行。小龙虾在白天一般会藏匿在水体光线较少的地方，如较大的石块旁、较深或较密集的草丛里、黑暗的洞穴中，白天活动整体少。一般傍晚开始活动，夜晚活动较多，摄食和觅偶交配活动也多发生于夜晚。但是，在饵料缺乏和水体透明度低等不良自然情况下，白天也可见小龙虾觅食。小龙虾多栖息和聚集在池塘、沟渠、河流、沼泽、水库和湖泊中，有时也见于稻田。栖息地大多为土质，往往具有较多水草和石块等隐蔽物。水体缺少饵料、因污染和下大雨导致水体理化因子骤烈变化及天敌入侵等情况下，小龙虾常常会逃走到其他水体。生长期的小龙虾一般不掘洞。但是，在缺少人造洞穴、天然洞穴以及隐蔽物等情况下，繁殖期的小龙虾特别喜欢打洞和掘穴。洞穴一般向下，夏天的洞穴深约 30 cm，冬天的洞穴深度为 80～100 cm，直径可达到 9.2 cm。因此，为了防止因小龙虾打洞对池埂造成破坏，小龙虾养殖池内需要创造和提供一些人造巢穴和遮蔽物。野生环境下，小龙虾对环境的适应能力特别强。虽然小龙虾比较适合生活于 18～31 ℃的较理想温度条件下，但小龙虾在 0～37 ℃的环境中均能存活，即小龙虾对温度的适应性很广，无论是 37 ℃高温还是 0 ℃的低温均有比较强的适应性，甚至冬天将其带水放置于室外仍能成活。小龙虾对水质的适应性也较强，在富营养化和低溶解氧水体中均可存活，甚至在离水保湿情况下仍能存活 7～10 d。水体溶解氧不足时，小龙虾会主动爬上岸，并凭借水体中的漂浮植物和水草等侧卧于水面，暴露身体一侧，用鳃呼吸空气中的氧气。但是，水体溶解氧低于 2 mg/L 时，小龙虾会出现生长抑制，生长速度约为零。总体来看，小龙虾春季喜欢在浅水中活动，夏季一般在较深水域活动，秋天大多在有水的堤边、坡边活动，冬季则藏身于洞穴深处过冬。需要强调的是，小龙虾对农药和渔药很敏感，耐药性较鱼类差。

三、食性

小龙虾属于典型的杂食性甲壳类动物，野生环境下以摄食有机碎屑为主，人工养殖条件下摄食范围很广，各种谷类、菜叶类、饼粕类、水生植物、陆生牧草、水草及藻类等植物性食物，浮游动物、水生昆虫、小型底栖动物和动物尸体，以及人工配合饲料等均可以成为其食物来源。食物匮乏或饲料投喂不足时，小龙虾个体之间往往因抢食食物而发生相互残杀的现象。据报道，$20\sim25$ ℃条件下，小龙虾对眼子菜、竹叶菜、水花生、豆饼、人工配合饲料、鱼肉和水蚯蚓的日摄食率（一昼夜摄入食物的量占体重的百分比）分别为3.2%、2.6%、1.1%、1.2%、2.8%、4.9%和14.8%，并由此推断小龙虾更偏向于摄食动物性食物，小龙虾也因此被认为可捕食鱼苗和鱼种，会对鱼类养殖造成危害。然而，天然水域中，由于小龙虾的捕食能力比较差，其食物中植物性食物占到了98%以上。正常情况下，小龙虾不会捕食健康的鱼苗和鱼种，因为健康鱼苗和鱼种的活动能力强，游动速度也较快，一般很难被捕食。个体较小的病残鱼类和浮游动物往往成为小龙虾的捕食对象。需要注意的是，小龙虾的食性会随着发育阶段的变化而变化（表$2-1$）。

表 2 - 1　小龙虾不同发育阶段的摄食差异

发育阶段	营养来源或摄食对象
刚孵化出来的幼虾	自身卵黄
第一次蜕壳后的幼体	浮游植物、小型枝角类、轮虫等
虾苗	有机碎屑以及较大的枝角类、桡足类等浮游动物
幼虾	底栖生物
成虾	腐殖质、有机碎屑、藻类、软体动物、水草、甲壳类、水生昆虫幼体等

四、生长与蜕壳

小龙虾的生长方式与其他甲壳动物一样，为突变式生长，生长的速度主要取决于蜕壳间隔时间。小龙虾能否顺利蜕壳又取决于所在水体的温度、水体中食物和营养物的供应量及个体所处的发育阶段等综合因素。在适宜环境温度下，小龙虾的蜕壳间隔时间与水温、食物量呈负相关，与发育阶段呈正相关。就蜕壳次数而言，小龙虾从刚孵化出来到个体发育成熟，一共需要经历 11 次以上蜕壳。其中，小龙虾在幼体阶段需要蜕壳 2 次；幼虾阶段的小龙虾蜕壳次数最多，达 9 次以上。就蜕壳间隔时间而言，还未离开母体的小龙虾幼体一般每隔 5 d 左右蜕壳一次；幼体离开雌亲虾进入开放水体初期，蜕壳的间隔时间会延迟为 7 d；后期幼虾蜕壳的间隔时间会进一步延长，且个体差异变大，一般要间隔 8～20 d 才能蜕壳一次。待小龙虾完全性成熟以后，其蜕壳的间隔时间通常为 1 年或半年，此时小龙虾已基本达到体成熟，生长速度大大降低。体长为 10 cm 左右的小龙虾，每蜕一次壳，其体长也会因生长而增加，每次增长幅度约 1.3 cm。

五、繁殖习性

小龙虾为雌雄异体，且雌雄个体的外部形态特征存在差异（表 2-2），比较容易区分。小龙虾的寿命比较短，为 22～48 个月，但繁殖能力较强，并且繁殖习性也与多数甲壳类经济动物相似。当年孵化出来的虾苗一般要到第二年才能达到性成熟，如当年 9 月离开雌亲虾的幼虾，经过约 11 个月的生长才能达性成熟和产卵。野生环境下，小龙虾需要经历 8～9 个月的生长和发育才能达到性成熟。人工繁育条件下，由于食物充足，小龙虾只需经历 6 个月的生长，性腺便可以发育成熟。小龙虾一年只产一次卵，繁殖或繁殖高峰大多在 7—11 月。雌虾的产卵量与其个体长度存在较大关系，一般虾体越长的个体，产卵量也就越多。全长为 6.5 cm 左右的雌亲虾，平均产卵量可能不到 50 粒；但虾体长度达到 11 cm 左右时，雌虾的平均产卵量可增至近 250 粒；全长达 14 cm 的个体，产卵量可多达 400 粒左右。

表 2-2　小龙虾同龄雌、雄体特征差异

雌虾	雄虾
虾脚间的腹部较平坦，腹部无硬硬的小腿	虾脚间的腹部凸起，有 2 个较硬的小腿充当雄虾的交配刺
体长相近的成虾，雌虾螯足相对较小	体长相近的成虾，雄虾螯足相对较大，且腕节和掌节上有长而明显的棘突
第一腹足退化，第二腹足呈羽状	第一、二腹足为白色钙质的管状交接器
无倒刺	成熟个体背部有倒刺，但倒刺随季节变化，一般春夏季长出来，到秋冬季节消失
生殖孔开口于第三对胸足基部，可见 1 对暗色的小圆孔	生殖孔开口于第五对胸足基部，不明显

六、生理参数

有关小龙虾不同组织中各项生理生化指标的研究很少，血液、肌肉、肝胰脏及性腺中葡萄糖、蛋白质、尿酸及几种脂类的含量见表 2-3。小龙虾雌虾的性腺指数（性腺重占总体重的百分比）变化范围较大，不同季节小龙虾性腺指数的平均值可从 0.3% 变化到 1.4%，成熟个体最高值达到了 4.2%（Artur 等，2020）。也有研究指出，未成熟个体的性腺指数变化范围为 0.03%~0.6%，成熟个体的性腺指数变化范围则为 2.3%~8%（Alcorlo and Otero，2008）。

表 2-3　不同季节小龙虾雌虾血液、肌肉、肝胰腺和性腺的生理生化指标

（数据来源：Artur 等，2020）

生理生化指标	春季	夏季	秋季	冬季
血液（mg/mL）				
葡萄糖	18.29±1.86	21.83±2.93	20±4.37	28.72±3.74
蛋白质	45.81±3.41	54.15±8.01	36.87±7.60	25.80±2.95
尿酸	0.98±0.14	1.22±0.19	1.28±0.13	1.75±0.18

（续）

生理生化指标	春季	夏季	秋季	冬季
总脂质	107.75±15.13	115.49±14.14	106.45±6.52	126.66±13.38
甘油三酯	35.79±3.9	40.2±8.14	19.29±2.00	18.78±1.55
总胆固醇	25.74±7.65	28.64±6.08	15.39±2.56	9.08±1.24
极低密度脂蛋白胆固醇	7.15±0.78	8.04±1.62	3.85±0.40	3.75±0.31
肌肉 （mg/g）				
葡萄糖	0.23±0.05	0.07±0.02	1.13±0.28	0.93±0.25
蛋白质	50.99±0.490	55.25±13.27	34.52±9.20	57.44±7.70
总脂质	1.93±0.25	0.86±0.26	1.65±0.28	0.39±0.16
甘油三酯	0.62±0.13	0.009 9±0.001 9	0.40±0.02	0.15±0.01
总胆固醇	0.27±0.08	1.94±0.10	0.40±0.05	0.24±0.02
肝胰脏 （mg/g）				
葡萄糖	0.33±0.06	0.43±0.07	1.55±0.23	0.52±0.08
蛋白质	20.29±5.66	21.49±3.30	5.27±0.60	34.76±8.35
总脂质	17.37±2.35	14.78±0.28	16.87±2.63	15.55±3.94
甘油三酯	0.43±0.03	0.07±0.01	0.38±0.04	0.15±0.01
总胆固醇	0.18±0.03	1.07±0.12	0.37±0.05	0.38±0.04
性腺 （mg/g）				
葡萄糖	0.92±0.18	0.74±0.20	1.07±0.21	3.64±1.14
蛋白质	0.84±0.24	0.76±0.24	0.26±0.08	0.30±0.10
总脂质	11.86±2.42	13.39±2.45	5.65±0.70	34.16±8.38
甘油三酯	6.44±0.92	0.01±0.00	0.23±0.05	0.10±0.03
总胆固醇	0.23±0.60	1.82±0.26	0.54±0.24	0.40±0.05

第三章　小龙虾的营养与饲料

第一节　小龙虾饲料及营养研究现况

一、小龙虾营养与饲料概述

《中国渔业统计年鉴》表明，2021 年我国小龙虾养殖总产量为 263.36 万 t，而 2020 年该数据仅为 239.37 万 t。2021 年，小龙虾加工量为 85 万 t，而 2016 年该数据仅为 31 万 t。小龙虾养殖规模的逐年增加必然导致小龙虾对饲料需求量的不断增加。小龙虾属杂食性偏动物食性动物，其食性相当广泛。自然状态下，小龙虾一般摄食水草、死鱼、死蚌及腐殖质等；人工养殖条件下，各种动物性食物，如杂鱼、蚯蚓、螺肉、蚌肉、蚕蛹、屠宰场的各种下脚料等，以及各种植物性饲料，如青草、大豆、麸皮、豆渣、米糠等，均可作为小龙虾的人工饵料。但是，当前淡水养殖的小龙虾以摄食人工配合饲料为主，食物种类相对比较单一，主要原因是目前已公开发表的有关小龙虾饲料和营养的研究报道，尤其是小龙虾对不同种类天然饲料的摄食率与消化率，以及不同种类饲料在小龙虾养殖中的应用效果评价等方面的研究还很缺乏。虽然我国已制定了小龙虾配合饲料的地方标准（DB32/T 1273—2008），专用配合饲料对小龙虾的养殖效果也比较好。但是，投喂配合饲料对于觅食能力较差的小龙虾而言，存在利用率低和养殖成本偏高的问题，不利于小龙虾养殖效益的提高。因此，寻找价格低廉且不会降低小龙虾生长率和肉质的可替代部分配合饲料的天然饲料成为当务之急。为了促进小龙虾天然饲料资源的开发与利用，节约小龙虾养殖成本和提高养殖效益，确定小龙虾对不同种类天然饲料的摄食率和消化率，以及明确这些饲料对小龙虾生长率和肉质等的影响就显得十分必要。

二、小龙虾的营养需要量

小龙虾属于杂食动物，食物以鲜嫩水草、高等植物碎片为主，也食用下层昆虫类、浮游生物等。目前，小龙虾没有统一的饲养标准，但有不少研究者采用配合饲料喂养小龙虾，初步确定了小龙虾的部分营养标准。柴继芳等（2010）研究表明，小龙虾配合饲料适宜蛋白质含量应为 30%。于宁等（2014）研究发现，小龙虾饲料适宜能量蛋白质比为 34～36 MJ/kg。邵光明等（2012）利用正交旋转设计 18 种小龙虾饲料，最后确定维生素 A、维生素 E、维生素 C 的最佳添加量分别为 0.006%、0.04% 和 0.02%。相比于农副产品，配合饲料更适合小龙虾的养殖。配合饲料在小龙虾养殖中的研究以营养需求研究较多，如 Jover 等（2019）得出小龙虾配合饲料的最佳营养水平为脂肪 6%、蛋白质 22%～26%、碳水化合物 36%～41%；Hubbard 等（1986）得出小龙虾配合饲料的最适蛋白质水平为 30%；国内有研究则表明，小龙虾幼虾配合饲料中适宜蛋白质水平为 33.44%～37.95%（李强等，2013）、27%（刘文斌，2013）和 25%（程东海等，2012），适宜脂肪水平为 4%～7%（刘文斌，2013）；体重为 8 g 左右的小龙虾，其配合饲料中的适宜脂肪含量及糖脂比分别为 7% 和 3.85∶1（何亚丁等，2013），最适能量蛋白质比为 34～36 MJ/kg（于宁等，2014），而养成期小龙虾饲料中最适蛋白质能量比则为 16.63～17.59 g/MJ（王桂芹等，2011）。不同研究者关于小龙虾饲料中最适蛋白质水平和能量蛋白质比等结果存在较大差异，这可能与小龙虾的生长阶段及饲料蛋白质来源等不同有关。有关小龙虾对各种氨基酸需要量的研究还很少，已有的对赖氨酸和蛋氨酸需要量的研究表明，小龙虾对两种氨基酸的最适需要量分别为 1.69% 和 0.94%（张微微等，2013；朱杰，2014）。小龙虾配合饲料中适宜钙和磷含量分别为 1.5% 和 1.0%（杨文平等，2012），但磷需要量明显低于李强等（2013）的研究结果，即 1.80%～2.02%。对小龙虾维生素需要量的研究目前以对维生素 E、维生素 C、维生素 A 需要量的研究为主，当饲料维生素 E、维生素 C 和维生素 A 含量分别为 40、20 和 6 mg/g 时，小龙虾的生长率、存活及免疫力均最好（邵光明等，2017）；当饲料维生素 E 和维生素 C 含量分别为 20 和 500 mg/g 时，小龙虾雌虾的抱卵量和产卵量均最高（宋光同等，2015；李铭等，2007），即适量添加维生素 E 和维生素 C 有利于提高小龙虾的繁殖力。配合饲料和鱼肉间隔-轮转投喂，相对于单独投喂配合饲料或鱼肉，小龙虾的绝对体质量增加量更加明显（董超等，2016）。有研究指出，小龙虾对配合饲料的摄食率仅为 2.8%，远低于对鱼肉和水蚯蚓的摄食率，与眼子菜、水花生和竹叶菜的摄食率相当。

三、植物性饲料在小龙虾养殖中的应用

对小龙虾的野外观察结果表明，体长 4 cm 以上的小龙虾主要摄食水生高等植物、丝状藻类以及植物碎片；其次摄食水生昆虫及其幼虫；偶尔摄食硅藻、鱼类、蛙类病残个体和死尸（魏青山，1985）。小龙虾养殖过程中可以投喂的植物性饲料十分丰富，包括浮游植物、浮萍、水芹菜之类的幼嫩水生植物、谷类、麦麸、米糠、豆饼、菜籽饼、南瓜、啤酒糟等，其中水芹菜早在 2006 年已被用于小龙虾养殖，并在肥水鱼和小龙虾轮作混养试验中取得了较好的养殖效果（卢丽群，2010）。但是，目前有关植物性饲料在小龙虾养殖中的应用主要集中在对小龙虾生长、免疫及对消化酶活力的影响方面。例如，用伊乐藻、苦草和小浮萍养殖的小龙虾，其平均日增重明显高于用水芹菜和水花生（徐增洪等，2012）；相对于菜籽粕、鱼粉、面粉和糊精，豆粕能更明显地提高小龙虾的血清脂蛋白酶活力和肠道淀粉酶活力（何亚丁等，2013）。发芽小麦对小龙虾生长速度和非特异性免疫功能的作用与配合饲料十分接近，因此其可以作为秋冬季节小龙虾配合饲料的部分替代饵料（张宗利等，2014）。相对而言，有关小龙虾对不同植物性饲料的摄食率和消化率的研究则非常少，已有的少量研究表明，小龙虾对眼子菜、竹叶菜、豆饼、水花生、苏丹草的摄食率分别为 3.2%、2.6%、1.2%、1.1% 和 0.7%（董育朝等，2008）。小龙虾对玉米粒的摄

食率受玉米粒浸泡时间的影响，随玉米粒浸泡时间的延长呈现明显下降趋势（郑友等，2015）。这可能与随着浸泡时间延长，玉米粒渐渐失去香味，对小龙虾的诱食作用下降有关。由此可见，虽然已有一些学者对小龙虾的部分植物性饲料进行了研究，但是研究涉及的植物性饲料种类较少，研究不够全面，且缺乏深度。

四、动物性饲料在小龙虾养殖中的应用

小龙虾的动物性饲料主要有浮游生物、猪肝、鱼糜、虾粉、螺粉、小杂鱼粗加工品、蚯蚓、蚕蛹粉、猪血，以及具有浓烈腥味的死鱼、猪、牛、鸡、鸭、鱼肠等下脚料。有研究表明，相对于植物性饲料和配合饲料，小龙虾对水蚯蚓和鱼肉这两种动物性饲料的摄食率更高，分别为14.8％和4.9％（董育朝等，2008）。小龙虾配合饲料中添加4％乌贼膏可以显著地提高小龙虾的特定生长率和血清抗氧化能力，同时降低饲料系数和白斑综合征病毒所致的小龙虾死亡率，表明给小龙虾投喂适量的乌贼膏有利于提高小龙虾的生长率和免疫力（朱凛等，2016）。相比于草鱼鱼糜、水蚯蚓和人工配合饲料，丰年虫无节幼体能更好地提高小龙虾幼虾存活率、增重率及增长率（夏晓飞等，2011）。对昆虫粉的研究表明，昆虫粉可以部分替代小龙虾配合饲料中的鱼粉，但以昆虫粉作为饲料唯一动物蛋白源时可能会降低其存活率（程东海等，2012）。仅摄食水草的小龙虾的抱卵率和性腺成熟度不如同时摄食水草和螺的小龙虾（余智杰等，2011），即天然动、植物饲料搭配投喂更有利于小龙虾的性腺发育和提高其繁殖性能。张龙岗等（2014）关于饵料对小龙虾亲虾性腺发育影响的研究表明，小杂鱼和螺等动物性饵料较配合饲料更有利于小龙虾的性腺发育和产卵。

五、配合饲料在小龙虾养殖中的应用

根据《中国小龙虾产业发展报告（2021）》，随着种养模式由粗放式向集约化发展，配合饲料在稻虾综合种养中的作用越来越受重视。湖北省潜江市每667 m^2 稻田小龙虾饲料的投喂量达到了100 kg

以上。截至 2020 年，我国从事小龙虾专用配合饲料生产的企业多达 200 多家，除了通威股份有限公司、广东海大集团股份有限公司、正大投资股份有限公司和湖北渴望牧业有限责任公司等龙头企业以外，大部分企业的小龙虾配合饲料生产规模约为 1 000 t。全国小龙虾配合饲料销售量总计约 110 万 t。据测算，全国小龙虾配合饲料的总需求量为 150 万 t 左右，与小龙虾配合饲料的实际产量相比，尚存在 40 万 t 左右的缺口。随着种养户精养小龙虾意识的提高，预计小龙虾配合饲料的需求、生产和销售量将会进一步提高。由于配合饲料营养全面且投喂方便，故配合饲料在小龙虾养殖中的应用十分广泛。目前，配合饲料成本平均占小龙虾养殖成本的 45%～70%（唐玉华，2016）。于小龙虾幼虾而言，人工配合饲料的养殖效果不如丰年虫无节幼体。此外，有研究表明，配合饲料的形状也会显著影响小龙虾的生长率和摄食率，如陈勇等（2011）用源自同一配方的不同形状的配合饲料养殖小龙虾，结果表明用棱柱形饲料养殖的小龙虾较圆柱形、药片形和圆球形饲料有更高的摄食率和生长率。

六、发酵工艺饲料在小龙虾养殖中的应用

发酵工艺饲料是一种采用发酵工艺生产的新型饲料，包括发酵小杂鱼、发酵虾壳、发酵饼粕类以及经过发酵的高蛋白有机提取物，已在鱼类、南美白对虾和小龙虾饲料中有过研究报道（陈萱等，2005；冷向军等，2006）。在小龙虾饲料中添加 20%～50% 的发酵饲料，如发酵的小杂鱼、发酵的饼粕类、发酵的虾蟹下脚料等，可以提高小龙虾的免疫力、存活力和生长速度（王天神等，2012）。生产发酵饲料一般选用乳酸菌、酵母菌、芽孢杆菌和霉菌（余宝等，2019）。由于这些微生物富含蛋白质，能产生氨基酸、维生素等多种营养物质，或分泌高活性的分解酵素和多种消化酶，故适量添加发酵饲料可改善动物肠道菌群，并提高饲料利用率和动物免疫力，进而促进动物生长（孙劲冲等，2019）。目前，水产饲料中应用较多的发酵饲料主要有发酵豆粕、发酵棉籽粕和发酵菜籽粕

（吴业阳等，2018）。但相对于家畜和家禽，发酵饲料在水产动物，尤其在小龙虾养殖中的应用研究还很少。

小龙虾饲料来源广泛，各类饲料种类繁多，但目前关于小龙虾饲料和营养方面的研究以国内研究为主，国外研究很少。虽然已有一些学者针对小龙虾的饲料和营养进行了探索性研究，但是有关小龙虾对不同种类饲料，尤其是对配合饲料的摄食率、消化率及饲料系数等的研究还很少，现有的少量关于动、植物性天然饲料以及配合饲料在小龙虾养殖中的效果研究也缺乏深度。总体来看，小龙虾养殖中的饲料研究还存在一些空白。随着小龙虾养殖规模的不断扩大和对饲料需求量的不断增加，确定小龙虾对不同种类饲料的摄食率和消化率，并明确不同种类饲料对小龙虾的养殖效果，是促进饲料资源在小龙虾养殖中的开发和利用的前提和基础。

第二节　不同饲料对小龙虾的养殖效果

小龙虾属杂食性动物，食性相当广泛。当前淡水养殖的小龙虾以摄食人工配合饲料为主，因此关于小龙虾对不同种类天然饲料的摄食率与消化率，以及不同种类饲料在小龙虾养殖中的应用效果评价等方面的研究还很缺乏。为了解天然饲料在小龙虾养殖中的应用情况，进而促进天然饲料资源的开发与利用，确定小龙虾对不同饲料的摄食率和消化率，以及明确不同饲料对小龙虾生长和肉质等方面的影响显得十分重要。国外对小龙虾的研究以生物学特性和虾体活性成分功能研究较多，而国内则对小龙虾的人工养殖报道较多。目前，小龙虾主要有稻田、池塘、水库、湖泊单独养殖及虾、鱼、蟹等混合养殖两种模式。小龙虾养殖面积和年产量近年来呈持续增长趋势，2021 年，中国小龙虾的养殖面积和总产量分别达到了 1.73 万 km^2 和 263.36 万 t。虽然国内已有少数学者观察和研究了小龙虾对伊乐藻、苦草、小浮萍、水芹菜、水花生、玉米粒等植物性食物的选择性和摄食节律，以及配合饲料和部分动物性食物对小龙虾生长和免疫等方面的影响，但是目前小龙虾饲料方面的研究，涉及的饲料种类和研究指标都较少，研究内容也较浅。整体看来，小龙虾对不同种类天然饲料的摄食率与消化率研究，以及不同种类饲料对小龙虾存活率、生长率、肠道组织结构和肌肉品质等方面影响的研究都还很缺乏。本研究的主要目的在于明确小龙虾对不同种类天然饲料的摄食与应用效果，旨在开发小龙虾天然饲料资源，为小龙虾养殖企业或广大养殖户自主选择饲料提供参考依据。

一、材料与方法

1. 试验饲料　谷实类、豆类、叶菜类、根茎瓜类、水果类、猪肝、草鱼肝、小龙虾专用配合饲料等 24 种饲料（从市场上购得）；野草类、螺、蚯蚓等 6 种饲料（从野外采集得到）。

2. 试剂、药品及设备　无水乙醇、二甲苯、苏木精、伊红、盐酸、氯化钠、考马斯亮蓝 G250 等（均为分析纯）；牛血清蛋白标准品（购于国家标准物质网）；DH－101 型电热恒温干燥箱（drying oven）（天津中环）、BS－124 型电子天平（electronic balance）（德国赛多利斯）、YD－335 型半自动石蜡切片机（ultra-thin semiautomatic microtome）（上海之信）、2XC2 XSP－2C 型连续变倍摄影显微镜（photographic microscope）（日本奥林巴斯）、TA. XT. plus 型物性分析仪（texture analyzer）（英国 SMS）、SYNERGY HTX 型酶标仪（microplate reader）（美国伯腾）等。

3. 小龙虾对不同饲料的日摄食率和消化率的测定方法　来源相同且体质量相近的野生小龙虾［平均体重（12.68±0.45）g］按饲料分组，每组 3 个重复，每个重复 5 尾虾。为避免小龙虾相互争斗和便于收集残饵与粪便，各重复组的 5 尾小龙虾均单独养殖于长、宽、高分别为 36、24 和 12 cm 养殖盆的 5 个隔室中，各隔室底面积约 144 cm²。为保持饲料水分，各盆注水 50 mL。先对小龙虾进行 3 d 预饲养，以适应试验饲料和养殖环境。预饲期结束后空腹 24 h，再采用饱饲法将新鲜饲料或已泡发的豆类和谷类饲料投喂给小龙虾。正式试验投料 5 d，残饵与粪便收集到第 6 天。每天 8：30 和 18：00 投料，正式试验每日 17：30 和次日 8：00 收集残饵，并采用全收粪法和虹吸管于投料 2 h 后开始收集粪便，之后每隔 2 h 集中收集一次虾粪，直至每日 22：00。每日观察试验虾健康状况，并于每日 18：00 投料前彻底清理养殖盆、换注新水。残饵与虾粪于 70 ℃ 干燥箱中干燥至恒重。根据以下公式计算日摄食率和消化率（重量单位为 g，均以风干物质基础计算）：

日摄食率＝（投喂饲料干重－残饵干重）/（正式试验天数× 虾总体重）×100%

消化率＝（食入饲料干重－虾粪干重）/食入饲料干重×100%

4. 不同饲料对小龙虾的养殖效果评价方法 根据小龙虾对不同饲料的摄食率和消化率结果，再结合实际生产，从 29 种天然饲料中选出 6 种饲料。将 450 尾试验小龙虾［(14.07±0.74) g］分成 6 个试验组，每组 3 个重复，每个重复 25 尾虾，于 2019 年 8—9 月在稻田中采用围网养殖方法和饱饲法对小龙虾进行了 45 d 的养殖试验。试验前称取各组小龙虾空腹始重，试验结束的次日上午采集各组小龙虾，记录各组虾尾数和称末重。分离虾壳和虾肉，分别称重。各组选取 6 尾虾，分别切取前肠和同一部位虾肉，固定于 4% 的甲醛中，以制作肠道和虾肉石蜡组织切片；另取部位相同且长、宽、高均约为 1 cm 的虾肉，立即于质构仪上进行质构指标分析；各组剩余虾肉于－80 ℃ 保存，用于盐溶蛋白质含量分析。

（1）小龙虾成活率、含肉率及特定生长率计算

存活率＝末尾数/初始尾数×100%

含肉率＝虾肉末重/虾体末重×100%

特定生长率＝(ln 虾体末重－ln 虾体始重)/养殖天数×100%

（2）质构指标测定 参考李高尚等（2019）的方法和设定的参数，采用平底圆柱形探头 P/36R 和 TPA 模式对小龙虾肌肉样品进行 2 次压缩以测定虾肉硬度和弹性等质构指标。测试前速率 3 mm/s，测试速率 2 mm/s，测试后速率 2 mm/s，压缩程度为 50%，停留间隔时间为 5 s。每个检测指标均平行测定 3 次。

（3）肠道及肌肉组织结构观察 参照 ZHANG 等（2020）采

用苏木精-伊红染色法制作石蜡组织切片，并于连续变倍摄影显微镜下观察和分析各组小龙虾肠道和肌肉组织结构变化。

（4）盐溶性蛋白质含量测定　参照王伯华等（2016）提取虾肉中盐溶性蛋白质，采用考马斯亮蓝法测定其含量。

5. 数据统计分析　试验结果采用平均数±标准差（Mean±SD）表示，采用 SPSS 19.0 统计软件中的 ANOVA 过程进行单因子方差分析（one-way ANOVA）及 Duncan 氏多重比较，显著性水平设为 0.05。

二、实验结果

1. 不同饲料对小龙虾日摄食率和消化率的影响　试验饲料中日摄食率在 1‰ 以上的饲料有蚯蚓、香蕉、猪肝、黑米 4 种（表 3-1）。4 种野草类饲料的日摄食率则均低于 0.2‰。整体来看，小龙虾对不同种类饲料的日摄食率由高到低依次为动物类、配合饲料、水果类、谷类、根茎瓜类、豆类、叶菜类、野草类；对不同饲料的消化率由高到低则依次为水果类、根茎瓜类、动物类、谷类、叶菜类、配合饲料、豆类、野草类，但除苋菜、大米、绿豆及 4 种野草类饲料的消化率低于 90% 外，其余 23 种饲料的消化率均在 90% 以上。

表 3-1　小龙虾对不同饲料的日摄食率及消化率（风干基础，%）

饲料大类	饲料	日摄食率	消化率
叶菜类	苋菜	0.14 ± 0.01^a	88.86 ± 1.06^a
	油麦菜	0.15 ± 0.00^a	94.38 ± 0.74^b
	白菜	0.24 ± 0.01^b	91.10 ± 0.93^a
	生菜	0.32 ± 0.00^c	95.65 ± 0.83^b
根茎瓜类	胡萝卜	0.34 ± 0.01^a	96.76 ± 0.58^b
	甘薯	0.59 ± 0.02^b	97.42 ± 0.20^b
	南瓜	0.60 ± 0.02^b	95.45 ± 0.73^a
	马铃薯	0.63 ± 0.04^b	96.12 ± 1.73^{ab}

（续）

饲料大类	饲料	日摄食率	消化率
水果类	香梨	0.34±0.01[a]	96.76±0.58[b]
	哈密瓜	0.60±0.02[b]	95.45±0.73[a]
	苹果	0.63±0.04[b]	96.12±1.73[ab]
	香蕉	1.36±0.10[c]	98.38±0.62[c]
野草类	金鱼藻	0.13±0.03[c]	75.36±1.92[d]
	甘薯叶	0.07±0.01[b]	10.26±1.32[a]
	钻叶紫菀	0.06±0.00[b]	29.77±1.61[b]
	三叶草	0.02±0.00[a]	58.63±1.14[c]
豆类	绿豆	0.17±0.09[a]	77.67±14.15[a]
	红豆	0.49±0.16[b]	95.50±1.32[b]
	黄豆	0.50±0.30[b]	97.14±1.82[b]
	红腰豆	0.62±0.27[c]	97.97±0.78[b]
谷类	大米	0.25±0.02[a]	85.97±1.89[a]
	燕麦	0.74±0.10[b]	97.83±0.30[c]
	薏米	0.84±0.03[b]	95.65±0.45[b]
	黑米	1.04±0.09[c]	95.74±0.93[b]
动物类	田螺肉	0.37±0.03[a]	95.34±1.36[b]
	草鱼肝	0.66±0.02[b]	99.17±0.09[c]
	猪肝	1.08±0.06[c]	98.77±0.32[c]
	蚯蚓	1.48±0.26[d]	92.09±2.56[a]
配合饲料	配合饲料1	0.73±0.09[a]	92.80±3.58[a]
	配合饲料2	0.95±0.15[b]	91.64±3.13[a]

注：同类饲料相同肩标字母表示差异不显著（$P>0.05$），不同肩标字母表示差异显著（$P<0.05$）。

2. 不同饲料对小龙虾存活、生长及肠道组织结构的影响 小龙虾存活率以马铃薯组和甘薯组最高（96%），猪肝组和草鱼肝组最低（76%）（表3-2）。小龙虾含肉率则以黄豆组最高（20.88%），草鱼肝组最低（16.83%）。小龙虾特定生长率以马铃薯组最高，黄豆组次之，黑米组最低，且马铃薯组与其他组间的特定生长率均存在显著差异（$P<0.05$）。

表3-2 不同饲料对小龙虾成活率、含肉率及特定生长率的影响

饲料	初始尾数	只均始重(g)	末尾数	只均末重(g)	存活率(%)	虾肉总末重(g)	含肉率(%)	特定生长率(%)
马铃薯	75	14.04±0.22[a]	72	18.90±0.25[d]	96	255.27	18.76	0.67±0.02[d]
甘薯	75	13.23±0.21[a]	72	16.37±0.25[b]	96	220.08	18.67	0.48±0.00[bc]
黄豆	75	14.09±0.19[a]	69	17.85±0.20[c]	92	257.16	20.88	0.53±0.03[c]
黑米	75	13.05±0.26[a]	63	14.56±0.27[a]	84	180.81	19.72	0.25±0.01[a]
猪肝	75	13.90±0.22[a]	57	16.04±0.29[b]	76	173.73	19.00	0.31±0.00[a]
草鱼肝	75	13.47±0.28[a]	57	16.26±0.31[b]	76	155.96	16.83	0.42±0.02[b]

注：同列数据相同肩标字母表示差异不显著（$P>0.05$），不同肩标字母表示差异显著（$P<0.05$）。

综合小龙虾的肠绒毛密度、长度和宽度来看，马铃薯组、黄豆组及黑米组肠绒毛较长、较宽、形态也较好；甘薯组和猪肝组肠道组织染色较浅，且肠绒毛相对较短，形态也相对较差；草鱼肝组肠绒毛虽然相对较长，但组织染色明显较其他试验组异常，可能肠道组织存在损伤和病变（图3-1）。

3. 不同饲料对小龙虾肌肉品质的影响 6个试验组小龙虾肌肉的弹性和凝聚性组间差异均不显著（$P>0.05$）。虾肉硬度、胶着性和咀嚼性则均以黄豆组最高、猪肝组最低，且黄豆组和猪肝组虾肉的硬度、胶着性和咀嚼性均存在显著差异（$P<0.05$）。虾肉回复性则以黑米组最好，猪肝组最差，且两组间差异显著（$P<0.05$）（表3-3）。

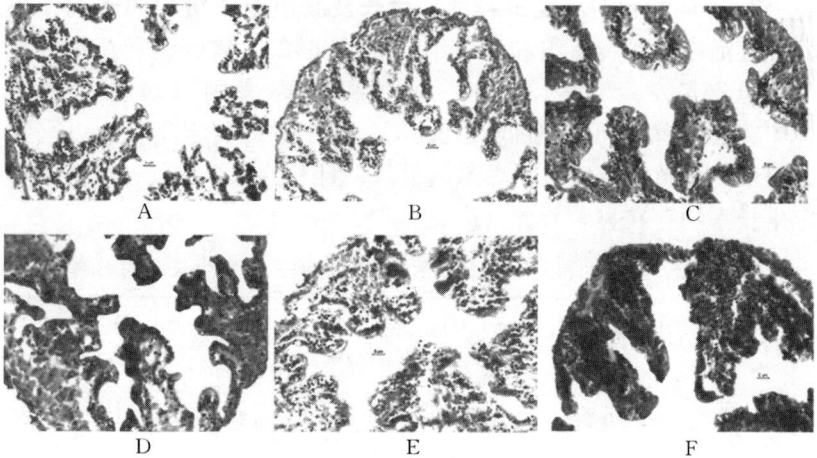

图 3-1　不同饲料对小龙虾肠道组织结构的影响（×200）

A. 马铃薯　B. 甘薯　C. 黄豆　D. 黑米　E. 猪肝　F. 草鱼肝

表 3-3　不同饲料对小龙虾肌肉质构指标的影响

饲料	硬度（g）	弹性	凝聚性	胶着性（g）	咀嚼性（g）	回复性
马铃薯	882.48±230.30[b]	0.87±0.05[a]	0.47±0.04[a]	414.77±106.66[b]	362.35±99.48[ab]	0.45±0.06[ab]
甘薯	745.30±174.45[ab]	0.79±0.13[a]	0.44±0.08[a]	322.19±70.13[ab]	254.92±76.88[a]	0.47±0.07[ab]
黄豆	950.00±354.91[b]	0.87±0.13[a]	0.52±0.07[a]	504.71±241.74[b]	453.53±266.68[b]	0.49±0.07[ab]
黑米	873.08±163.12[b]	0.79±0.09[a]	0.48±0.10[a]	421.09±113.63[b]	333.37±89.93[ab]	0.53±0.05[b]
猪肝	497.36±110.95[a]	0.87±0.03[a]	0.44±0.08[a]	218.06±64.45[a]	191.37±60.66[a]	0.39±0.06[a]
草鱼肝	725.03±242.34[ab]	0.86±0.08[a]	0.50±0.03[a]	366.00±135.32[ab]	312.30±117.46[ab]	0.46±0.10[ab]

注：同列数据相同肩标字母表示差异不显著（$P>0.05$），不同肩标字母表示差异显著（$P<0.05$）。

不同试验组小龙虾肌肉组织结构排列较整齐有序，肌纤维密度和直径无明显差别，但以甘薯组及黄豆组最好，黑米组其次。马铃薯组、猪肝组及草鱼肝组肌纤维间隙相对较大，肌纤维密度较其他组略低（图 3-2）。

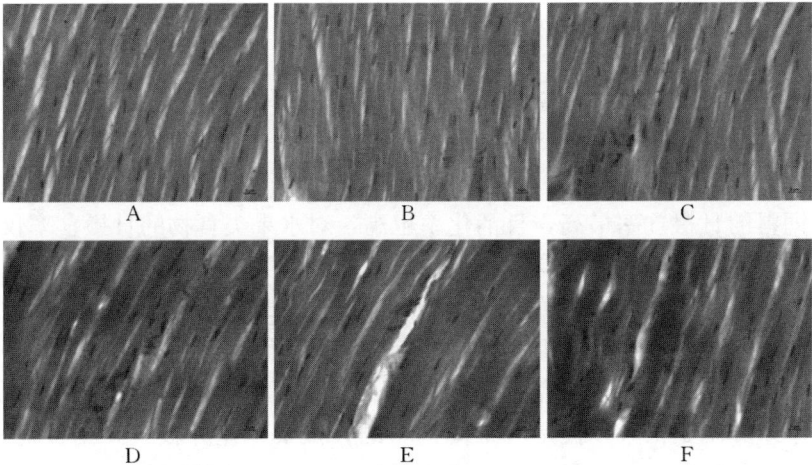

图 3-2　不同饲料对小龙虾肌肉组织结构的影响（×400）

A. 马铃薯　B. 甘薯　C. 黄豆　D. 黑米　E. 猪肝　F. 草鱼肝

　　小龙虾虾肉中盐溶性蛋白质含量以黑米组最高、马铃薯组最低，且前者约为后者的 4.2 倍（图 3-3）；黑米组显著高于其他试验组（$P < 0.05$）；黄豆组虾肉中盐溶性蛋白质含量仅次于黑米组，且显著高于猪肝组、草鱼肝组及马铃薯组（$P < 0.05$）。

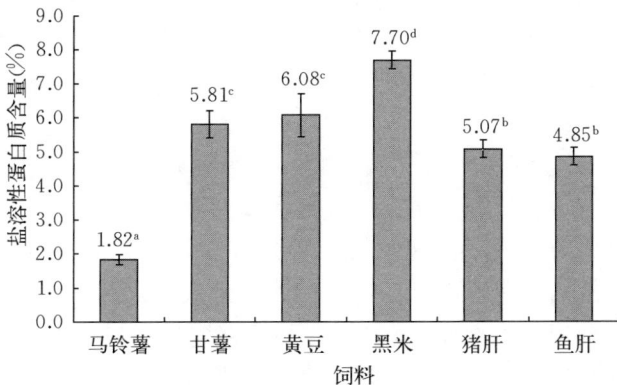

图 3-3　不同饲料对小龙虾肌肉盐溶性蛋白质的影响

注：图中不同字母表示差异显著（$P < 0.05$）。

三、不同饲料的养殖效果分析

1. 不同饲料对小龙虾日摄食率和消化率的影响 据董育朝等 (2018) 报道，小龙虾对水蚯蚓和鱼肉等动物性食物的摄食率明显高于一般植物性食物，这与本研究结果类似。小龙虾对几种动物性饲料的日摄食率最高，且消化率也高，对水果类食物的日摄食率仅低于动物类饲料和配合饲料，但对几种野草类饲料的日摄食率和消化率则均很低，原因可能与动物性饲料富含腥味物质和水果类食物甜度较高，适口性较野草类更好有关。但小龙虾对腥味和甜味是否有偏好还需进一步研究。除野草类以外，小龙虾对不同饲料的消化率差异不是很大，但是对不同饲料的日摄食率差异较大。据报道，饲料的物理性状会影响小龙虾的摄食率，如有研究表明小龙虾对玉米和配合饲料的日摄食率分别与玉米粒浸泡时间及配合饲料的形状等有关（陈勇等，2011）。24 ℃水温条件下，平均体重为24.5 g的小龙虾对配合饲料和鱼肉的日摄食率达 4.6％和4.1％（严维辉等，2007），分别远高于本研究中的 0.84％和 0.9％，这可能与小龙虾规格、水温及配合饲料的营养水平和加工质量差异较大等因素有关。

2. 不同饲料对小龙虾存活、生长及肠道组织结构的影响 小龙虾存活率和特定生长率是影响小龙虾养殖效益的两个极为重要的指标。本研究中各试验组的特定生长率均在 1％以下，明显低于邓慧芳等（2013）和鲁耀鹏等（2019）报道的小龙虾特定生长率分别为 1.38％～1.87％和2.50％～3.20％的研究结果。不同研究者关于小龙虾特定生长率的研究结果存在较大差异，这除了与小龙虾饲料中营养成分含量、养殖密度、养殖环境、生长阶段等不同有关外，还可能与小龙虾属异速生长动物（孙悦等，2019），以及5—7月为小龙虾快速生长期，8 月以后其体重增长趋缓的生长规律有关（韩光明等，2015）。本研究中小龙虾生长试验在 8—9 月开展，故小龙虾的特定生长率也相对较低。尽管小龙虾对猪肝和草鱼肝的日摄食率较高，但由于养殖试验是在平均气温 35 ℃以上的高温季节进行，饱饲条件下投喂的新鲜动物性食物极易残余并引发腐败变质，从而恶化养殖环境和滋生病原菌，这应该是导致猪肝组和草鱼肝组小龙虾死亡率高和增重率低，以及草鱼肝组肠道组织结构异常的主要原因。目前，有关饲料对小龙虾肠道组织结构的影响研究很少，有研究表明，饲料中添加 0.3% 的大豆皂苷可明显改善大菱鲆幼鱼肠道菌群，有利于促进肠道健康（余桂娟等，2019），但肠道胰蛋白酶的活性则随大豆皂苷添加量的升高而显著下降（米海峰等，2011），黄豆组小龙虾肠道组织结构和含肉率均较好，但增重率不如马铃薯组，可能与黄豆中富含皂苷类物质有密切关系。总之，为提高高温季节小龙虾存活率，给小龙虾投喂动物性饲料时需控制好投喂量，确保投喂的动物性饲料能够在较短时间内被摄取且基本无残饵。相比于猪肝和草鱼肝，马铃薯和甘薯淀粉含量较高，蛋白质含量低，且不易变质，虾存活率和增重率反而更高。黑米组虾存活率较低，其原因还有待深入研究。

3. 不同饲料对小龙虾肌肉品质的影响　本研究中，6 种不同饲料养殖的小龙虾的肌肉质构指标除凝聚性与田娟等（2017）对洞庭湖小龙虾的研究结果相近以外，其余 5 项指标均不同程度地高于其研究结果。黄豆组小龙虾虾肉的硬度、胶着性和咀嚼性均最好，较其他组更能改善小龙虾的肉质，更符合消费者偏爱坚实质地的市场需求，这与刘永涛等（2019）饲喂黄豆的小龙虾在口感方面更具优势的研究结果类似，其中原因可能与黄豆中多肽类、低聚糖、皂苷类等活性成分含量较丰富有关（孙明明等，2018）。对罗非鱼的研究表明，罗非鱼饲料中添加蚕豆和大豆提取物可以一定程度上脆化和改善鱼肉品质，且改善肉质的作用跟豆类中皂苷类成分有密切关系（陈度煌等，2014）。总体来看，本试验中不同饲料对小龙虾肌纤维的影响均不大，这可能与养殖时间相对较短有关。目前，外源因素对小龙虾肌肉组织显微结构影响的研究仍很欠缺。由于虾肉在脱水和透明处理过程中极易发散和发脆，不利于石蜡组织切片，本研究又仅制作了虾肉纵向石蜡切片，故还不能充分说明不同饲料对小龙虾肌肉品质的影响程度。为了能更好地体现不同饲料对小龙虾肌肉组织显微结构的影响，除了延长小龙虾的养殖周期以外，还应采用电镜切片技术研究虾肉的组织结构。盐溶性蛋白质含量是影响水产品加工特性的一个重要指标，以鱼糜为例，鱼肉中盐溶性蛋白质含量越高，鱼糜的凝胶强度越大、弹性越好，即鱼糜的凝胶强度与盐溶性蛋白质含量呈极显著正相关。本试验中小龙虾虾肉盐溶性蛋白质含量以黑米组最高，但仍明显低于草鱼、鲫、鳙、鲢四种淡水鱼类鱼肉中盐溶性蛋白质含量（9%～11%）（何晓萌等，2018）。

四、结论

小龙虾对不同种类饲料的日摄食率由高到低依次为动物类、配合饲料、水果类、谷类、根茎瓜类、豆类、叶菜类、野草类。小龙虾对不同饲料的消化率由高到低依次为水果类、根茎瓜类、动物类、谷类、叶菜类、配合饲料、豆类、野草类。黄豆对小龙虾的整体养殖效果较好，其次为马铃薯。

第四章 小龙虾的繁殖与孵化

第一节 小龙虾的繁殖方法

小龙虾和鱼类的繁殖方式存在相同之处,即两者均营卵生繁殖;但二者之间也存在区别,小龙虾属体内受精,而鱼类则为体外受精。小龙虾繁殖过程一般在黑暗的洞穴中完成。小龙虾繁殖过程由于对水温要求并不是很高,15~31 ℃的水温条件下均可进行交配,故小龙虾可常年在较开阔的水域中繁殖,但春季和5—9月为小龙虾的繁殖高峰期。目前,小龙虾的繁殖方法有三种:一种是自然繁殖法,一种是全人工繁殖法,还有一种是介于二者之间的半人工繁殖法。

一、自然繁殖技术

自然繁殖法是人工繁殖小龙虾方法中一种相对低级和比较原始的方法。20世纪80年代末至90年代初,受当时繁殖技术、繁殖设备与模式的限制,以武汉东湖与西湖养殖场为代表的养殖场,主要用自然繁殖法繁殖小龙虾。随后,我国多个省份争相从湖北引进小龙虾进行自然繁殖。自然繁殖法的操作比较简单,主要流程如下。①繁殖场所的准备:主要包括池塘的清理和消毒。清理池塘的适宜时间为7—9月。该流程主要是对预备养殖小龙虾的池塘进行除杂和除害处理,同时对养殖池进行消毒、杀菌、施肥与培水。小龙虾不喜光,因此还应在放养虾种之前栽种一些用来遮光的水生植物等。②亲虾的投放:繁养环境条件准备好以后开始投放亲虾。自然繁殖条件下,应注意亲虾的规格、放养密度和雌雄比。通常可将规格为35 g/尾及以上的亲虾按照每667 m² 19 kg,以及3∶1的雌雄数量比投放到提前准备好的繁殖池中。③亲虾自然繁殖：自然繁殖条件下，尽量减少人为干预措施，因此秋冬季节一般不投喂配合饲料，但可投放一些天然水草，也可以适度施肥，保持 40 cm 左右的水体透明度。等到第二年的 3 月，当天气温度和水体温度分别上升至 12 ℃和 10 ℃以上时，繁殖出来的幼虾便会出来活动和摄取食物。④亲虾的捕捞：用地笼等将已经完成繁殖任务的亲虾捕捞出来，给幼虾留出充足的生长空间。⑤虾苗管理：亲虾捕捞出来以后，应对孵化出来并可独立摄食的虾苗加强管理。当养殖水体的温度上升到 18 ℃以上时，应给虾苗人工投喂一些饵料。

这种繁殖方法一般比较适合用于小型的湖泊和沼泽地，面积比较大、水源又充足的地势低洼的稻田，还有池塘和精养鱼池。该繁殖方法的优点体现在操作简单，劳力、物力和财力投入少，还实现了小龙虾的繁殖与养殖一体化；但也有其突出的缺点，主要表现为自然繁殖状态下人工控制率低下，水体中不确定因素多，繁殖效果难以稳定，繁殖效益没有保障。因此，自然繁殖法通常用于繁殖技术和小龙虾苗种均比较缺乏的情况。

二、全人工繁殖技术

全人工繁殖法是指将雌雄比例为 2∶1 的小龙虾亲虾投放到温度、水质和光照条件均可人为控制的约 20 尾/m² 的室内水泥池中，通过人为控制光照和温度等诱导小龙虾同步产卵的一种繁殖方法。早在 2005 年就已经有了小龙虾室外繁殖水泥池，通过控制光照和水温、调节繁殖池中水位、改善繁殖池的水质以及加强饲料投喂等干预措施，成功诱导小龙虾亲虾顺利产卵。经过 36 d 的人工诱导，雌虾产卵率为 69%～93%。

全人工繁殖法的操作流程如下。①亲虾的选择和投放：7—8月，选择规格均匀的体重在 35 g 以上的小龙虾作为繁殖用的亲虾，按照 25 尾/m² 的放养密度，以及 2∶1 的雌雄数量比，将所选的亲虾投放到水深为 0.4 m 左右的水泥繁殖池中。如果繁殖用的水泥池条件比较好，那么可以适当提高亲虾的投放量，将投放密度增加到

50 尾/m^2 左右。②繁殖期的管理：一是饲料投喂管理，为了给亲虾提供充足的营养物质，应每天给亲虾投喂一次饵料。由于繁殖过程对蛋白质的需要量比较大，而蚯蚓、螺肉、蚌肉，甚至屠宰场的下脚料之类的动物性食物中蛋白质含量较高，因此以上这些动物性食物可多投喂一些。同时，水葫芦、水花生、轮叶黑藻等蛋白质含量相对较低的植物性饲料则应相应地减少投喂。二要注意水质管理，尽量保持水泥繁殖池内水质良好，除了注意及时更换池水以外，必要的时候晚上还要适时开动增氧机进行增氧，最好是能够采取微流水方式增氧。为了成功诱导小龙虾亲虾交配和产卵，水泥池需要全天 24 h 遮光，并控制好池内光照、水温、水质与水位。③转移抱卵雌虾：待雌虾产完虾卵达 24 h 以后，应将抱卵雌虾连水一起转入孵化池中集中孵化，转移过程应小心，动作要轻柔。④幼体投喂：幼体孵化出来以后，应向孵化池内投放一些人工培育的单胞藻和轮虫。⑤亲虾和幼虾的捕捞：幼虾离开雌亲虾之后，需将雌亲虾捕捞出孵化池，然后分期和分批地捕捞幼虾至虾苗培育池。面积为 100 m^2 的水泥繁殖池，一次可繁殖 50 万～100 万尾幼虾。

全人工繁殖条件下，小龙虾一般可同步产卵，繁殖时间比较集中。另外，全人工繁殖技术的单位面积繁殖产量高，有利于大批量和大规模繁殖。全人工繁殖法需要专门的水泥繁殖池，对基础设施的要求比较高，相比于自然繁殖，其成本投入也比较大。目前，该技术在我国小龙虾主要养殖地区应用较广泛。

三、半人工繁殖技术

半人工繁殖技术是一种介于自然繁殖技术和全人工繁殖技术之间的方法，综合了以上两种小龙虾繁殖技术的特点。这种繁殖方法以小龙虾的繁殖习性为依据，与自然繁殖技术一样繁殖过程在天然土池中进行，但又借鉴了全人工繁殖技术中的人工诱导措施以诱导小龙虾同步产卵。

半人工繁殖技术的操作流程如下。①繁殖场所的准备：用来繁殖小龙虾的土池，对于长度和宽度的要求分别为 40～50 m 和 6～7 m，坡比要求为 1：1.5，土池建造好以后还需修整成梯形。小龙虾喜暗环境，故在土池上方应搭建一个竹棚架以便于覆盖遮阳的黑纱，为繁殖的亲虾创造舒适的环境；繁殖池内水位不宜太深或太浅，以 1 m 左右为好。土池建好后还应在放养亲虾前对其进行消毒和除杂处理。②亲虾投放：7 月初，各池可按每 667 m² 360～400 kg 的密度，以及 2：1 或 5：2 的雌雄比例投放精选的小龙虾亲虾。③繁殖期管理：一是水质管理，亲虾入池后，可通过更新池水、间隙增氧以及微流水等途径保持土池内水质良好。二是投喂管理，繁殖期间应每天投喂一次饲料或饵料，并以鱼肉、螺肉、蚌肉和屠宰场下脚料等蛋白质含量较高的动物性饵料为主，辅投水葫芦等水草和小龙虾专用人工配合颗粒饲料。④人工诱导：与全人工繁殖技术一样，主要通过调控光照和温度实现亲虾交配和同步产卵。⑤亲虾和幼虾的捕捞：8 月中下旬将雄亲虾先捕捞上来。当土池内可见幼虾时，再将繁殖过的雌虾捕捞上来。孵化出来的幼虾要加强饲料投喂，以便保证各种营养成分的需要量。最后，还要分期和分批地将幼虾捕捞出繁殖池，放入专业虾苗培育池或养殖池。水温不足 20 ℃时，可将土池上方棚架上的黑纱用一层塑料薄膜替换掉。这种小龙虾的半人工繁殖方法，每个繁殖季节可繁殖 2～3 批次。一个面积为 350 m² 的繁殖池，一轮可获得幼虾 30 万～50 万尾，即土池出幼虾量可达到每 667 m² 60 万～80 万尾，整个繁殖季节共计可产出幼虾 60 万～120 万尾。

半人工繁殖技术的繁殖时间也比较集中，单位面积土池的小龙虾繁殖量也很大，也适合小龙虾的批量繁殖和规模化养殖。土池即可作为繁殖池，因此繁殖所需设施和成本均较全人工繁殖技术低。

第二节　小龙虾亲虾的培育与产卵

一、亲虾的培育场所

1. 亲虾培育池　亲虾培育池也称成虾养殖池，其面积大小可根据养殖的亲虾规格和地理条件来确定，一般小则 500 m²，大到 3 000 m² 均可。如果是后备亲虾的培育场所，面积则为 4 000 m² 左右。亲虾培育池对地势要求不高，平坦即可。但是，亲虾培育池对水源的要求比较高，由于受到污染的水质会大大干扰亲虾的繁殖过程，降低其繁殖能力，因此亲虾培育池附近要求有无污染的稳定水源。由于噪声比较大的嘈杂环境也会影响亲虾的繁殖，故亲虾培育池还应建在比较清静的地方。

选择建造小龙虾养殖池时，还应考虑土壤的土质。砾质土和沙土等保水能力差的土质池底因灌水后容易发生池水渗漏，应避免用来建池。壤土的土质介于沙土和黏土之间，其软硬程度比较适中，透水性也不强。在壤土上建造亲虾培育池，有利于保持土壤不流失。因此，壤土是建造亲虾培育池的理想土壤类型。此外，黏土在众多土壤类型中属于保水能力比较强的土壤类型。黏土失水变干以后会变得更坚固。虽然黏土的吸水性也较强，但黏土一旦吸收水分后会呈现糊状，其保水性比较好，也比较适合用来建亲虾培育池。建造亲虾培育池时，除了考虑土壤的类型以外，还应考虑土壤中的化学组成。对于土壤中含铁比较高的地方，最好不要建造亲虾培育池。铁离子在天然水体中具有形成氢氧化铁胶体以及氧化铁沉淀的化学性质，其产生的胶体和沉淀会附着在亲虾和繁殖产生的幼体的鳃丝上，影响正常的呼吸作用，尤其对虾卵和幼虾损害较大。因此，含铁丰富的土质也不宜用来建造小龙虾亲虾培育池。

亲虾培育池的底部应比较平坦和偏碱性土质，淤泥厚度在 $10~cm$ 左右。养殖池的出水口应低于池底平面，可在出水口处人工挖出一块深 $1~m$、面积大约为 $5~m^2$ 的正方形集虾槽，以便后续捕虾。养殖池的坡比为 $1:(2.5\sim3.0)$，养殖池水体深为 $1.5\sim2.0~m$，以 $1\sim1.2~m$ 为宜。池埂宽度为 $2.5\sim3.0~m$。池埂过窄不仅容易被亲虾打洞造成穿埂逃逸，还易引起池水外漏，造成池塘水位下降。为防止亲虾外逃和蛙、蛇等天敌入侵，池埂周围最好用价格低廉的塑料薄膜围挡。条件允许的情况下，可以使用比较耐用的抗氧化的聚乙烯网片作为围挡材料。培育池的进、排水口需用两层聚乙烯密网封口。亲虾养殖池进水 1 周后，培育池内可栽种一些伊乐藻和水花生，确保水草覆盖率达到 $40\%\sim50\%$。为避免栽种的水草被小龙虾摄食和破坏，应保证水草在亲虾放养前有足够的生长时间，一般在亲虾入池前 30～40 d 种植水草。繁育池内栽种一定数量的水草，既有利于亲虾保温，又可以为亲虾觅食、隐匿和栖息等提供场所。需要注意的是，水草进池前最好使用生石灰浸泡数分钟，以杀灭藏匿在水草中的病原体和敌害生物等。培育池内栽种水草时应注意水草的多样性。另外，培育池面积较大时，为了预防缺氧，可以考虑增设增氧机。

2. 亲虾越冬池 为了让 9 月放养的亲虾顺利越冬，要为亲虾构建越冬的场所。通常的做法是在亲虾培育池上方搭建塑料大棚，以保持培育池内温度不过低。越冬期间，亲虾越冬池的水质要注意管理，其溶解氧量一般要求不低于 4 mg/L，水温则需控制在 17 ℃左右。

二、亲虾的选择

合理选择亲虾是人工繁育小龙虾过程中的重要环节。繁殖用的亲虾主要根据外观来选择。亲虾的体表应光亮洁净、形体完整无损、体色暗红、体质健壮、活动能力强、规格整齐，体重为 30～40 g。亲虾的选购时间以 5—8 月为好。获取亲虾的途径有两种：一种是从人工养殖的池塘中直接捕捞，另一种是从天然水域捕捞野生小龙虾。捕捞到的亲虾，不能长时间离水。室外或干燥环境下，亲虾的离水时间要在 2 h 以内；室内或潮湿环境下，亲虾的离水时间可以超过 2 h，但也不宜过长。亲虾的来源有外购亲虾和自留亲虾两种，但研究发现来源不明的外购亲虾，其平均抱卵数、抱卵率、受精率及幼虾尾数等繁殖能力均不如自留亲虾（表 4-1）。因此，亲虾可以选择自繁自养或者来源明确的经过人工养殖和培育的个体，也可以选择外购小龙虾和野生虾种。从遗传多样性来看，中国的小龙虾野生群体与养殖群体存在一定的区别，野生群体的遗传多样性稍高于养殖群体（彭刚等，2010），即小龙虾养殖群体的种质在退化。养殖小龙虾种质的退化主要与近亲繁殖有关，这是自繁自养存在的最大问题。为了解决小龙虾的种质退化问题，提高小龙虾的养殖效益，严维辉等（2009）提出了采用原池补充异地亲本来繁育苗种的方法。

表 4-1　外购亲虾与自留亲虾繁殖性能比较

（数据来源：成爱兰，2019）

亲本来源	每 667 m² 投放量 (kg)	平均抱卵量 (粒)	平均抱卵率 (%)	平均受精率 (%)	幼体数量 (万尾)
外购亲虾	25	300	78.5	90.3	105.33
自留亲虾	25	350	82.6	92.2	166.59

　　由于采用自繁自养模式培育出来的亲虾容易出现近亲繁殖和种群退化，为避免近亲繁殖引起种群退化，建议养殖户每年从外地适量购买一些亲虾来改良种质，通过引进不同地理种群小龙虾来获得种群优势。Wang 等（2020）采用不完全双列设计对江苏淮安盱眙县官滩镇、宿迁市洋河镇、宜兴市大埔镇三个不同地理种群共计650 尾成熟小龙虾（雌雄比为 3：1）在土塘和水泥池两种不同养殖环境中的繁殖性状和存活率进行了研究。结果发现，不同地理种群之间小龙虾的交配与繁殖能力、存活率均存在一定的区别。此外，土塘环境养殖小龙虾亲虾的效果整体上要优于水泥池养殖环境（表4-2）。以野生小龙虾为繁殖亲虾时，必须驯养一段时间以后才能将其投放于池中。因为野生小龙虾常因抢食而相互争斗和残杀，造成死亡，给繁殖带来损失。

表 4-2　江苏淮安三个不同地理种群成熟小龙虾不完全双列设计下的繁殖性状与存活率

（数据来源：Wang 等，2020）

配对组合	配对数量		产卵率(%)		收获时的存活率(%)	
	土塘	水泥池	土塘	水泥池	土塘	水泥池
官滩小龙虾(雄)× 大埔小龙虾(雌)	21.66±3.24	17.28±3.53	48.36±5.87	60.54+5.65	67.15±6.12	52.26±4.33
官滩小龙虾(雄)× 洋河小龙虾(雌)	18.52±2.55	15.44±3.16	60.49±6.64	55.39±4.03	63.08±5.21	48.41±3.78
大埔小龙虾(雄)× 洋河小龙虾(雌)	17.30±3.43	15.27±4.06	55.33±5.48	44.05±3.37	75.07±6.43	39.88±3.57

　　繁殖用的亲虾对体重也有要求。越是活力强的小龙虾，其规格往往越大，平均产卵量也明显高于规格小的个体。规格较小的小龙虾，自身储存的营养物质也相对较少，其产卵数量也就不会很多，产卵质量也不会太好，死卵和畸形卵数量可能会相对比较多。例如，20 g 左右的小规格亲虾，一般产卵量在 40～50 粒，而 30 g 左右的健康亲虾产卵量一般在 70～80 粒。实际生产中，用于繁殖的亲虾，其体重以 35 g 左右为好。

　　相同规格的繁殖用亲虾，对年龄也有要求。同样是大规格成虾，相比年龄在 1 龄以上的老虾，当年生长至性成熟的个体作为繁殖用的亲虾时，繁殖能力明显更强。野生小龙虾和养殖小龙虾的寿命分别为 1 年多和 2 年左右。幼虾经过 1 个多月的培育便达到性成熟，体重则可达到 30 g 左右。此时的小龙虾正处于生命力特别旺盛的青年虾阶段，很适合作为繁殖用的亲虾。但是，已经达到性成熟的小龙虾，生长速度会变缓，且生长时间长的小龙虾不仅可能成不了大规格小龙虾，还可能成为小规格铁壳虾。一般 40 g 以上的大规格小龙虾，基本上是生长时间比较长的老虾。老虾的活动能力和繁殖能力都会较青年虾大打折扣，即使产卵，死卵和畸形卵的数量也会大大增多，卵的质量比较低。另外，老虾的抗病能力也很差，如果将老虾作为亲虾来繁殖虾苗，由于繁殖过程会自然消耗亲虾自身大量的能量和营养物质，多数时候还没等到虾苗孵出，亲虾就已经提前死亡了。由此可见，规格大的老虾，因其行动迟缓和活力较差并不适合用作亲虾。因此，不建议选择特别大的小龙虾用作亲虾。

　　小龙虾雌亲虾卵母细胞的发育根据形态特征可以分为以下七个阶段，分别为卵原细胞期、未成熟期、卵黄形成期、早期卵黄形成期、中期卵黄形成期、晚期卵黄形成期和后卵黄形成吸收期。卵原细胞期比较特别，在以上七个发育阶段中，只有卵原细胞期没有成熟的卵母细胞，其余六个发育期均可能出现成熟卵母细胞。卵巢成熟包括卵母细胞增殖时体积增大、卵黄直径增大以及卵黄脂蛋白含量增加。因此，根据卵巢的大小和颜色，雌性小龙虾的卵巢发育可分为五个阶段，依次为未发育卵巢、未分化卵巢（白色）、发育不良卵巢（黄色）、发育成熟卵巢（橙色）和成熟卵巢（棕色）（Kulkarni 等，1991；Castañon 等，1995）。目前，一些研究人员已经调查了影响小龙虾卵巢成熟的因素，包括化合物、类固醇和除草剂。例如，利用甲基法尼酯处理小龙虾可刺激和促进小龙虾卵巢成熟（Laufer 等，1998），而单独使用甲基法尼酯或甲基法尼酯与17β-雌二醇联用，可通过刺激卵巢中卵黄蛋白的合成来改善卵母细胞的生长（Rodríguez 等，2002a）。17α-羟孕酮也可以显著增加性腺指数和直接刺激小龙虾体内卵黄蛋白原的产生（Rodríguez 等，2002b）。

发育成熟的亲虾一旦被择优挑选出来，应尽快将其放入事先准备好的培育池中。温度是影响小龙虾性成熟的因素之一，因此温度较高的条件下，部分小龙虾可提前达到性成熟。湖南和湖北，一般在 7 月底便可捕捞到性成熟的小龙虾。小龙虾怀卵后，其甲壳会变得坚硬。许多怀卵小龙虾的体色也会由深红色转变为红黑色。如果解剖后可以看到卵粒，表明小龙虾已经性成熟了。小龙虾的性成熟程度要根据小龙虾的卵粒大小和颜色等来确定。

亲虾培育池应在亲虾放养前 2～3 周进行清塘和消毒处理。常用的清塘方法是生石灰清塘，生石灰的用量一般为每 667 m^2 100 kg。亲虾放养前至少提前 1 周培肥水质，确保投放的亲虾营养物质供应充足。培肥水质的方法为将堆沤腐熟的畜禽粪肥与石灰、磷肥一起施入池底，肥料的施用量为每 667 m^2 200 kg。施肥结束以后，再向池内注水至水位 1.0 m 左右，以培育亲虾喜食的浮游生物饵料。

三、亲虾的放养

在放养亲虾之前，应提前对池塘进行清理和整顿。最好对池底进行耙翻，并按照每 667 m^2 50～75 kg 的用量使用生石灰兑水后泼洒于全池，包括池底和池壁，以杀死水体中和淤泥里的有害生物。可以按照每 667 m^2 池塘面积每米水深施入 150～200 kg 生石灰的量进行带水消毒。消毒清池 10 d 左右，便可往池中注入清水，同时将腐熟的畜禽粪便按照每 667 m^2 750 kg 的量施入培育池中，以便培肥水质。保险起见，亲虾放养前 1 d 应试水，检验水质状况。可以将少量亲虾放入盛有池水的容器中 24 h，观察亲虾状态。试养的小龙虾没有出现死亡，才可放养亲虾；如果亲虾出现不适或者发现了死虾，则暂时不要放养，等池水水质好转并再次试水以后才可投放亲虾。

亲虾放养前一定要关注亲虾的质量。放养前应先将亲虾反复多次浸泡于培育池的池水中。每次浸泡 2 min 左右，间隔时间为 5 min，目的是保证亲虾能适应培育池的水温和水质等理化因子。随后再将亲虾置于 5‰ 食盐水中约 5 min，以收敛亲虾在运输途中出现的伤口，同时也能较好地杀灭亲虾体表的寄生虫与有害细菌。

8 月上旬至 9 月中旬是放养亲虾较理想的时期。此时培育池内的饵料生物最为丰富，非常有利于亲虾的繁殖和生长。刚完成交配且还没有抱卵的雌虾被投放到养殖水体后，其繁殖产生的虾苗到第二年 5 月，便可长成大规格成虾。亲虾的放养时间如果被延迟到 9 月下旬，则可能因为部分亲虾已经提前繁殖，导致最终产出的虾苗数量大大减少。如果没有自繁自养的亲虾，需要外购获得亲虾，则购买时间宜早不宜迟，以 8 月初为好，不要推迟到 9 月下旬。放养密度需视培育条件和亲虾的规格等来具体确定，参考标准如下：亲虾体重为 30～40 g/尾时，放养密度应为每 667 m^2 150～200 kg（唐玉华，2021）。雌雄比例常为（3～4）：1，但具体比例依据繁殖方法不同而有所不同，参考标准如下：全人工繁殖模式下雌雄比例为 2：1 或 5：2；半人工繁殖和自然繁殖模式下雌雄比例一般为 3：1 或 7：2。亲虾的规格尽量一致，最好一次性将亲虾数量投足。

四、亲虾的养殖与管理

1. 水质管理 4 月放养的亲虾，到 5 月即可开始交配。进入繁殖期的亲虾会主动挖洞藏匿。7 月，亲虾进入产卵期，从开始出现产卵至产卵结束总计大概需要 25 d。10 月上旬，池塘中便陆续可见抱卵虾出洞。此时，繁殖管理进入关键期，除了勤快巡塘以外，还应保持池水呈黄绿色水色、28 cm 左右的透明度、8.0～8.5 的

pH，以及 3.5 mg/L 以上的溶解氧量。为防止池水水色变深发黑，应每晚坚持换水，使每晚换水量达到 10～15 cm 水位。也可以每周加注水 1～2 次，每次加水量为池塘总水位的 1/6 左右。换注新水时应注意在亲虾养殖池的进水口处采用 40 目*筛网进行过滤，以避免和防止敌害生物及其他脏物和有害物混入池塘，对亲虾造成威胁和危害。每晚换水的主要目的在于通过换水达到类似于流水刺激的作用，同时也增加水体含氧量，促进受精卵的孵化。

9 月放养的亲虾需要经历越冬期。小龙虾有一定的耐寒能力，但长时间的低温暴露，会降低其抵抗力和增加冻伤率。水质恶化会加剧冬季亲虾的损伤情况。因此，越冬期亲虾的水质管理显得尤为重要。冬季雨水一般较少，池塘水位容易下降。亲虾入池初期，池塘水位为 1.2～1.5 m，冰冻前应将水位逐渐升高至 2 m，以免冻伤或冻死在浅水层打洞的亲虾。另外，还要避免出现水位忽高忽低的情况，因为水位忽高忽低很容易导致亲虾受刺激而出洞，同时也可以避免亲虾冻伤。亲虾越冬期间，每月推荐泼洒一次主要成分为净水剂、粪链球菌、乳酸菌、芽孢杆菌和 EDTA 的调水产品，以快速吸附和降解亲虾养殖池中的有毒和有害成分，同时提高透明度和稳定水体 pH，营造良好的水体环境。越冬期间还应定期检测养殖池的水质，尤其要关注是否缺氧，以及有无亚硝酸盐超量情况。气温过低导致塘面出现冰封时，应及时敲破冰层以免亲虾缺氧受损。如果发现缺氧，应立即开动增氧机增氧，保持水体溶解氧量在 5 mg/L 以上。也可以按照每 667 m² 300～500 g 的用量向养殖池中抛撒增氧剂。另外，越冬期的小龙虾即使发病也难以察觉，为防止亲虾发病，越冬期还可定期按量泼洒聚维酮碘对养殖水体消毒。越冬期应尽量减少亲虾捕捞，在条件允许的情况下，建议在亲虾养殖

---

　　* 筛网有多种形式、多种材料和多种形状的网眼。网目是正方形网眼筛网规格的度量，一般是每 2.54 cm 中有多少个网眼，名称有目（英）、号（美）等，且各国标准不一，为非法定计量单位。孔径大小与网材有关，不同材料筛网，相同目数网眼孔径大小有差别。——编者注

池周围搭建挡风墙，以保持水流和水温相对稳定。亲虾转出越冬池的时间主要取决于当地的气温和水温。水温上升到 25 ℃左右时，可将亲虾转出越冬池。

2. 饵料管理 生殖是一个高能量消耗过程。雌亲虾因为繁殖需要大量的营养，需要从食物和不同的组织中获取营养物质以完成配子发生、卵黄合成、其他卵母细胞成分合成、性腺成熟以及护幼活动（Jimenez 等，2015）。研究发现，小龙虾繁殖消耗的能量通常与代谢需求和耗氧量等有关。代谢需求和耗氧量等的增加会增加小龙虾的食物摄入，减少其生长，增加其对捕食者的易感性（Berglund 等，2016）。还有一些研究表明，在小龙虾的性腺成熟过程中，脂肪和蛋白质储备会从肝胰腺和/或消化道中转移到性腺（Jimenez 等，2015）。饵料缺乏，会导致亲虾身体瘦弱和体重下降，而且还会直接影响后续虾苗的生长。因此，亲虾在越冬前期的强化培育很关键。9—10 月为亲虾的越冬前期，此时为亲虾培育优质生物饵料或者投喂人工配合饲料均是增加亲虾营养、确保亲虾顺利越冬的措施。以培育亲虾生物饵料为例，可以按照每 667 m² 0.5～1.0 kg 的量每 20～30 d 泼洒一次富含氮、磷、钾等营养盐，以及各种氨基酸、小肽和腐殖酸的强效肥水素，以便亲虾养殖池快速肥水和促进有益藻类增殖，培育充足的生物饵料以供亲虾摄食。另外，越冬前期可给亲虾投喂高蛋白质含量（35%）的优质配合饲料，同时，适当地投喂部分动物性饵料，如螺、蚌、蚬、鲜鱼等肉类，以增加亲虾营养，便于亲虾在越冬前积累较多脂肪和储存充足的能量。在培育亲虾期间，可以人为地给亲虾及时补充一些钙质；也可以坚持投喂颗粒配合饲料，动物性蛋白质含量较高的活水蚯蚓和螺蚌肉，以及部分杂粮；同时，也可定期投放眼子菜、水花生、轮叶黑藻和水葫芦之类的水草。

越冬期间，小龙虾的消化和吸收等代谢活动会有所下降，但仍需各种营养成分和能量来维持其生存。越冬期间，遇上持续光照或连续的好天气，水温会回升，亲虾也会出洞觅食，此时应仔细巡塘，认真查看亲虾活动和摄食情况，并适量投喂高蛋白质含量

（35％以上）的人工配合饲料，以为亲虾补充营养和增强其体质，从而提高亲虾的抗寒和越冬能力。越冬期间，还可以在投喂的配合饲料中添加一些开胃或诱食的添加剂，如乳酸钙、乳酸菌，或含有多种活性多糖和各种维生素的混合物。从酵母、黄芪和香菇中提取到的活性多糖可与多种维生素混合，制成的多维免疫多糖可供越冬期的亲虾使用，使用剂量以每千克配合饲料中添加 2～4 g 为宜。这些有益菌和功能成分的添加，不仅可以改善配合饲料的适口性，还可以缓解寒冷天气导致的亲虾食欲减退，刺激亲虾的食欲，也能调节亲虾体内的新陈代谢水平和配合饲料的利用效率，最终提高亲虾的免疫功能、抗应激能力和越冬成活率。需要强调的是，应严禁对越冬期亲虾使用重金属和农药等进行消毒和杀虫。

五、亲虾的交配与抱卵

小龙虾可常年繁殖，不同地区的小龙虾因地理条件不同，繁殖高峰期也不一样，但多数地区小龙虾的繁殖高峰期为 5—9 月。雌性小龙虾通常一年只产 1 次卵，仅少数小龙虾例外，如有的雌亲虾于 4 月完成第一次产卵，在良好的环境条件下，可于 9 月第二次产卵。但是，9 月已经产过卵的雌亲虾，第二年 4 月将不会再产卵。

小龙虾的繁殖能力较强，适合小龙虾交配的水温范围为 15～31 ℃，这也是小龙虾可常年繁殖的主要原因。9～12 月龄的成熟小龙虾，一般在 4 月下旬至 9 月交配繁殖。但是，群体交配的高峰期大多集中在 5 月。小龙虾对于交配地点有所选择，一般多在开阔水域进行交配。小龙虾属于秋冬季产卵类型，大多一年仅产卵 1 次。但是，小龙虾雌亲虾每年可抱卵 2～3 次。越冬期间，如果水温能够保持在 20～24 ℃，也会有部分亲虾发生交配和产卵。在准备交配时，雌、雄亲虾开始互相靠近，然后雄虾会追逐雌虾，并将雌虾掀翻。雄虾接着会使用第 2～5 对步足紧紧地抱住雌虾的头胸甲部位，而雌虾的第 2～5 对步足则被雄亲虾的虾螯固定住。侧卧和生殖孔相互紧贴的雌雄亲虾两两相对。雄虾昂起头胸，先将交接器插入雌亲虾的生殖孔，再将精荚射入雌亲虾的纳精囊内。雌亲虾的纳精囊位于第 4～5 对步足之间。雄亲虾的精荚呈乳白色，在雌亲虾纳精囊内的贮存时间取决于雌亲虾的产卵时间，短则 1 周左右，长则大半年之久。1 尾雄虾可与多尾雌虾交配，这也是繁殖池投放雌亲虾的数量要多于雄亲虾的重要原因。

有许多学者对小龙虾雌虾的卵巢发育规律进行了研究，从多数研究结果来看，雌虾卵细胞发育具有较高的同步性，据此可判定小龙虾雌虾为一次性产卵。但是，生产中还是能观察到小龙虾雌虾 1 年之中几次产卵的情况，而且一般多发生在春、秋两季。出现这样的情况，可能与小龙虾雌虾卵巢成熟度不同有关。小龙虾雌虾的卵巢发育持续时间比较长，发育成熟所需时间受水温影响较大，通常卵巢会在交配结束以后的 2～5 个月发育成熟，但大多在交配后 3 个月左右开始产卵。雌虾卵巢通常有白色、黄色、橙色、棕色（茶色）、深棕色（豆沙色）等几种不同颜色，且卵巢颜色与卵巢成熟阶段密切相关。如未成熟的幼虾，卵巢细小，呈苍白色，往往还需要数月的时间才能发育成熟；基本成熟的卵巢则呈橙色，这样的亲虾排卵期也较长，多数会在交配结束 3 个月之后产卵；成熟期的卵巢，颜色会发生变化，转呈茶色，有的则呈豆沙色。卵巢达到成熟期的雌虾，大多在交配结束 1 周左右排卵，这种雌虾是选育亲虾时的理想个体。

小龙虾饲料中添加适当浓度的硒可显著提高雌虾的产卵率，并促进雌虾同步产卵。在相同规格小龙虾的饲料中添加不同水平硒（0.45、1.49、3.29、10.02、30.27、59.76 mg/g），并养殖小龙虾 60 d。结果表明，小龙虾雌虾相对于雄虾能耐受更高硒水平。当饲料硒水平为 3.29 mg/g 时，雌性和雄性小龙虾均可获得最佳生长速度。当饲料硒水平为 10.02、30.27、59.76 mg/g 时，雌性和雄性小龙虾的末体重和甲壳长度均呈下降趋势。不同处理组小龙虾卵巢中硒的含量均高于其他组织，表明硒在雌虾卵巢中的蓄积量最大，卵巢是硒在小龙虾雌虾体内蓄积的主要靶器官。饲料硒浓度为 10.02 mg/g 时，可显著提高雌虾的产卵率和促进同步产卵，并上调细胞分裂周期蛋白 2 和卵黄蛋白原的 mRNA 表达水平，且雌虾血液中雌二醇和卵黄蛋白原浓度显著升高，使小龙虾雌虾的繁殖能力达到最佳。然而，当饲料硒水平上升至 30.27、59.76 mg/g 时，雌虾血液中雌二醇水平和产卵率均明显降低，即饲料硒浓度高于最佳水平可能会导致雌虾卵母细胞异常，并影响胚胎发育，对雌性小龙虾的繁殖能力造成不利影响。这表明硒主要通过影响小龙虾体内细胞分裂周期蛋白 2 和卵黄蛋白原的表达来调控其生殖系统的生殖能力。虽然饲料硒水平为 10.02 mg/g 可以让小龙虾获得最佳繁殖性能，但是会降低小龙虾的生长速度，饲料硒水平过高还可对生殖能力产生不利影响。因此，饲料中添加的硒应在 1.49～10.02 mg/g 范围内。饲料中不同水平硒对不同性别小龙虾幼虾生长性能、形态指标和存活率的具体影响见表 4-3。

表 4-3 不同水平硒对小龙虾幼虾生长和性腺发育的影响

（数据来源：Mo 等，2019）

指标	性别	饲料硒水平（mg/g）					
		0.45	1.49	3.29	10.02	30.27	59.76
末体重	雌	14.71	15.25	16.24	13.92	13.29	12.35
（g）	雄	15.41	15.68	16.59	14.98	14.22	12.27
甲壳长度	雌	41.72	42.28	43.27	40.94	40.58	39.26
（mm）	雄	42.60	42.83	43.64	42.00	41.21	39.80
性腺指数	雌	3.66	4.01	4.49	4.65	4.49	4.30
（%）	雄	0.10	0.10	0.11	0.11	0.10	0.10
肝体指数	雌	5.67	5.39	4.88	6.37	6.53	6.65
（%）	雄	5.35	5.16	4.65	6.03	6.37	6.54
存活率（%）		88.67	90.67	90.67	88.67	86.00	88.33

硒作为一种必需微量元素，在维持动物体内生理内稳态方面起着重要作用。硒的存在形式有多种，但在水体中主要以亚硒酸盐、硒酸盐、氨基酸（如硒蛋氨酸和硒代半胱氨酸）三种形式存在。其中，硒蛋氨酸的含量比硒代半胱氨酸更丰富。在自然环境中，硒主

要通过食物，以硒蛋氨酸形式被鱼类摄取。硒存在于自然资源中，如煤炭、地壳岩石和岩石磷酸盐土壤。然而，采矿、石油精炼、发电、含硒材料的农业排水、畜牧业等人为活动导致了水环境中硒的释放和污染的增加。大量研究发现，硒和含硒蛋白质不仅可以确保精子的存活，也可以保护精子免受活性氧损伤。硒蛋白基因敲除可导致精子发生过程因为硒缺乏而出现精子异常，进而影响精液质量和繁殖性能。硒主要通过提高雄性动物睾丸中的抗氧化酶活性，促进睾酮产生和精子发生等，保护雄性动物睾丸的生殖性能。因此，小龙虾养殖过程中，可以通过在饲料中添加适量的硒来改善和提高雄性小龙虾的繁殖性能。

然而，也有证据表明硒与人类很多不良妊娠，如先兆子痫、自身免疫性甲状腺疾病、流产和早产等有关。对鱼类的研究表明，长期摄食硒蛋氨酸膳食有可能通过直接刺激雌性虹鳟卵巢组织的类固醇生成而促进卵黄蛋白生成（Wiseman 等，2011）。然而，30 mg/kg 高膳食硒补充剂会导致动物的生殖毒性。母体膳食硒摄入量过大，对水生卵生脊椎动物的最大不利影响是产生畸形后代和降低后代的运动能力。因此，小龙虾养殖过程中，饲料中添加硒时不仅要注意硒源的选择，还要注意控制好添加量。

阿特拉津是一种广泛使用的除草剂。已有研究表明，阿特拉津可以降低雌性小龙虾卵巢中卵黄蛋白原的含量，并导致卵母细胞变小（Silveyra，2018）。因此，采用稻虾综合种养模式养殖小龙虾时，应注意阿特拉津对雌性小龙虾繁殖能力的不良影响。

雌虾在交配结束之后也会陆续打洞进穴，并在洞穴中躲藏1周或几个月的时间。卵巢中的卵细胞发育成熟以后，雌亲虾会在洞中产卵。精子和卵子的受精过程，还有幼体的发育过程，均在洞中完成。产卵时，雌虾呈弯曲状，通过伸屈时的作用力将卵子经由生殖孔产出。雌虾生殖孔位于第3对步足的根部。排卵时会随虾卵排出一种类似于蛋清的胶质物，这种胶质物会将虾卵包裹起来，并在虾卵经过纳精囊时，与早已储存在纳精囊内的精荚释放出的精子结合，从而使虾卵受精。

产卵时，雌虾的游泳足会伸向前方并不停地扇动，以便接住陆续产出的圆球形的光亮晶莹的卵粒和给卵粒提供充足的氧气，并通过卵柄使卵黏附于其游泳足的刚毛上。刚产出的小龙虾卵，直径 1.5～2.5 mm，且一般呈橘红色。未受精的虾卵会慢慢变色，由橘红色逐渐转为混浊的白色。虾卵如果没有受精，则会脱离虾体，最后死亡。雌亲虾产卵结束后，其尾扇会弯曲至腹部，同时游泳足也会展开以包住尾扇，防止卵粒散开和丢失。雌亲虾的产卵量与亲虾个体大小及性腺发育等相关，存在较大的个体差异，极少数雌亲虾仅能产卵 30 多粒（汪文忠，2020 年），大多数雌亲虾的产卵量少则百余粒，多则 700 粒，另有极少数个体可产 1 000 余粒卵。成熟雌虾的平均产卵量约为 300 粒。小龙虾雌亲虾的抱卵量与体长通常呈正相关：全长为 7～8 cm 的亲虾，平均抱卵量为 250 粒左右；全长为 12～13 cm 时，平均抱卵量可达到 820 粒。这正是在亲虾选择时，要求挑选规格较大的体格健壮的当年虾的重要原因。亲虾交配完成以后，雄虾自觉离开雌虾，雌虾则不时地用步足触碰身体各部。亲虾交配时长不固定，长短不一，短的仅 5 min，长则 1 h 以上，但大多在 10～20 min 之内完成交配。雌亲虾产卵之前，其交配次数也不尽相同。一些雌虾仅仅交配了 1 次，便可顺利产卵；有的雌虾则需要交配 3 次以上才会产卵。这可能是 1 尾雄虾可与多尾雌虾交配的原因之一。亲虾交配的间隔时间也不固定，短的只间隔数小时便可再次交配，长的间隔时间多达 10 d 以上。虾卵完成受精后，受精卵会逐渐由光亮晶莹状变成棕褐色，并附着于雌亲虾的附肢上，此时的雌亲虾又称为抱卵雌虾。雌虾在抱卵期间会进入洞穴隐藏起来，尾扇弯曲至腹下是其重要体征，这样做的主要目的是护住卵粒。

不同人工繁殖条件下，可将雌、雄亲虾按 3∶1 的比例留在培育池中培育至雌虾成功抱卵；也可按 3∶1 的雌雄比例将雌亲虾和雄亲虾一起放入同一个孵化箱内，让其在孵化箱内自行交配和产卵。亲虾完成交配后，应每间隔 10 d 仔细检查 1 次亲虾，待雌虾抱卵后，及时将雄亲虾转出孵化箱，留下抱卵雌虾在孵化箱中孵化；也可将钻进 PVC 管或其他遮挡物中的抱卵虾捕捞上来，根据其怀抱的卵团颜色，将卵团颜色相近的抱卵虾转移至同一孵化箱中。

第三节 小龙虾受精卵的孵化

小龙虾的受精卵发育成虾苗的过程称为受精卵的孵化。受精卵孵化是小龙虾苗种生产中的关键环节，孵化结果的好与坏可直接影响苗种产出的数量和后续苗种的培育工作。因此，生产中应该高度重视小龙虾受精卵的孵化过程与管理。

一、孵化过程及影响因素

影响小龙虾受精卵孵化的因素包括抱卵虾的孵化行为、水温和溶解氧等。首先，小龙虾的受精卵依附在雌亲虾的游泳足上，受雌亲虾孵化行为影响较大。正常情况下，雌亲虾会依靠本能，将未能成功受精的虾卵或者已经病变和坏死的受精卵，通过第 2、3 对步足剔除和清理掉。雌虾的这种行为可以确保其他正常受精卵继续孵化。其次，抱卵雌虾孵化受精卵的速度受养殖环境或洞内水温影响极大。在适宜水温下，受精卵的孵化速度与水温一般呈正相关，即温度越高，受精卵孵化速度越快。例如，在 18～20 ℃水温时，受精卵发育成为虾苗大约需要 25～30 d；随着水温下降，受精卵的孵化时间延长，孵化期有时可长达 2 个月。小龙虾受精卵的孵化时间与雌虾的产卵时间类似，也是不固定的。有的虾卵短短十几天便可孵化出膜，而有的虾卵要孵化百余天。这便是第二年 3—5 月仍可见抱卵虾的原因。雌虾产卵时间不同步，虾卵孵化时间也不一致，导致小龙虾的生长不一致，这也是导致同一养殖水体在相同时间段可见各种规格的小龙虾的主要原因。最后，溶解氧量对受精卵孵化速度有着较大影响。抱卵雌虾的游泳足在抱卵期间之所以不停地摆动，主要是为了防止受精卵在孵化过程出现缺氧的情况。

二、孵化类型

目前，小龙虾受精卵的孵化方式可分为自然孵化、人为控温孵化和离体孵化三种类型。

1. 自然孵化　这种受精卵孵化方式完全依靠抱卵虾与生俱来的护卵行为。自然孵化的条件不受人工控制，属于自然环境条件。该种孵化方式主要在亲虾挖掘的洞穴中进行。由于亲虾需要摄食，故偶尔可见抱卵雌虾爬出洞穴觅食。雌亲虾大部分时间会躲藏于自行挖掘的洞穴中，通过摆动游泳足，不断地为受精卵提供氧气，避免出现局部溶解氧不足的情况，同时也有助于及时清除病变与坏死的受精卵。因此，自然孵化方式下，小龙虾受精卵的孵化率往往比较高。为了给雌亲虾营造优良的自然孵化条件，生产中可采取如下措施：①保持稳定的水位和较好的水质。大多数小龙虾的洞口建造在正常水平面上方 30 cm 左右，而洞底一般都在水平面下方，使得整个洞穴处在半干半水的环境中。养殖水体的水位相对较稳定，非常有利于保持受精卵孵化环境处于半干半水的状态，从而促进受精卵的顺利孵化。另外，良好的水质是保证雌亲虾具有良好的活力和发挥正常的孵化行为的基本保障。因此，自然孵化条件下应加强巡塘和适时检测养殖水体的水质。②对洞穴进行防寒处理。除少数地方以外，我国大部分地方冬季都比较寒冷，尤其北方，入冬时间还比较早。进入冬季后，可人为排放池水，使小龙虾洞穴处于无水的干燥状态。为避免抱卵虾和受精卵因低温而冻死，可以在小龙虾洞穴区堆放一层稻草进行保温处理。

2. 人为控温孵化　前面已经提到，温度对受精卵孵化的影响极大。人为控温孵化是指根据抱卵虾的生活习性，为抱卵雌虾及其受精卵设计专用的控温设施，以通过将孵化温度人为控制在最有利于受精卵孵化的温度条件下，最大限度地提高受精卵孵化率的一种孵化方式。该种孵化方式所需的控温孵化设施可以是面积 50 m² 左右的水泥池，但必须配设相应的水处理设施，以及配套自动电加热装备，确保整个孵化环境成为温度可控的封闭式循环水孵化系统。

雌亲虾的放养密度为每平方米 20～40 尾，通过人工创设适宜受精卵孵化的水流、光照、水温、水位和溶解氧等环境因素，可在较短的时间内促进小龙虾受精卵在相同时间内集体孵化。

3. 离体孵化　抱卵雌亲虾，由于水质恶化、温度突变、疾病暴发以及个体衰弱等原因，容易出现死亡，并影响受精卵的后续孵化。受精卵也常常因此死亡。为了避免因为亲虾死亡而造成胚胎发育受阻或死亡，扰乱小龙虾的养殖和生产计划，有研究者对小龙虾的离体孵化装置和孵化方法等进行了研究。特定的离体孵化装置能够在较小的空间里容纳大量的小龙虾受精卵，既增加单位面积的虾苗孵化量，又可避免受精卵大规模感染水霉和引发疾病，实现小龙虾受精卵的集约化和规模化孵化，确保从已经死亡的抱卵雌亲虾上取下来的胚胎能够继续孵化。

三、亲虾的回捕

每年的 10—11 月幼虾会陆续离开亲虾。待全部幼虾离开亲虾后，将亲虾捕捞上来进行单独养殖，留下幼虾继续培育。若捕捞过程中捕捞到仍在抱卵的亲虾，应将亲虾再次放回水体继续养殖。亲虾孵化虾苗的工作结束以后即可进入虾苗培育阶段。

第五章　小龙虾虾苗的培育

一、虾苗池的选择和建设

选择建造小龙虾虾苗池的地点时，应重点考虑水源、池塘面积、池深等因素。虾苗池的建设，对水源和水质的要求为：水源充足且稳定，水质良好。虾苗池的面积应根据繁殖规模来确定。面积太小，不利于规模化繁殖和水质的稳定；面积太大，不利于饲料投喂和水质管理。土池的面积控制在 $300\sim1\,200\ m^2$ 均比较可行。虾苗池塘的形状一般为长方形，且东西向为长，南北向为宽。虾苗池宜建在背风向阳的地方，这样有利于减少风向对池水稳定性的影响。水质是否稳定对虾苗的培育影响很大。水质变化快容易使虾苗产生应激反应，使虾苗的成活率直线下降。虾苗池的水位应随着虾苗的生长而逐渐升高，终水位可稳定在 $0.9\ m$ 左右。池水过深，水质因水量过大而不易培肥；池水过浅，又容易导致水质和水温发生剧烈变化，也不利于虾苗后续活动空间和生存空间的扩大，影响其生长和发育。另外，虾苗池的坡比应为 $1:2$。虾苗池的注、排水要方便，还要相应地做好防逃工作，进水口处要用筛绢网过滤，以去除天敌及其他污染物。如果虾苗池采用水泥池，则以面积 $20\sim40\ m^2$、水深 $0.6\sim0.8\ m$ 为宜。

二、虾苗池的清整与消毒

虾苗池的清整与消毒工作如下。①池塘清整：入冬后，先排干池水，再挖去多余的淤泥曝晒池底数日。对于淤泥比较少的池塘，冬天排水以后，直接曝晒数天，接着便可灌水养殖虾苗。对于养殖周期相对比较长的老池塘，则必须先清除底部过厚的淤泥，最多保留 10 cm 左右的淤泥即可晒塘。②池塘消毒：虾苗入池前，应对池塘进行消毒和杀菌处理，以便杀灭虾苗池中的病原微生物与敌害生物，减少后续养殖过程中病害的发生。药物清池的时间最好在虾苗放养之前的 10～15 d 的晴天进行。待池塘底部多余的淤泥清除出塘以后，可以采用来源广且价格低廉的生石灰对虾苗池进行消毒。生石灰不仅可以杀死虾苗池中的各种小杂鱼、鳝鱼、寄生虫及病原微生物等，还可以改良池塘底质与水质。对虾苗池进行消毒时应在池中留下适量的池水，如 4～5 cm 积水，以便洒入的石灰浆或其他消毒剂能够均匀地散布于整个虾苗池。如果采用生石灰作为消毒剂，一般按照每 667 m² 池塘使用 70～80 kg 生石灰即可。需要特别注意的是，对虾苗池进行消毒时，不得使用具有刺激性的消毒剂，以免对虾苗造成化学性损伤。清池之后的 2～3 d 即可往虾苗池中注入新水，并施入适量基肥。

三、虾苗池的施肥与培水

放养虾苗之前，可提前 7～15 d 对虾苗池进行肥水处理。虾苗池肥水处理可以优先选用生物肥。生物肥的主要成分为各种微生物菌群，如光合细菌、乳酸菌和芽孢杆菌等复合菌剂。生物肥的用量根据其菌群组成来定，使用量大多为每 667 m² 9 kg。施入生物肥的目的有两个：一是减少和缓解虾苗入池后出现的各种应激反应；二是增加水体中浮游生物的生物量，为即将入池的虾苗提供丰富的生物饵料，还可同时提高养殖水体的溶解氧量和有益菌数量。或者在虾苗放养前的 7～10 d，按每 667 m² 池塘每米水深 1.25 kg 的用量，向虾苗池内投施 1 次肥水素，之后每隔 2 周追施 1 次，以提高各种浮游生物的繁殖速度和密度。也可以将发酵之后的沼肥，掺水后按每 667 m² 1 250 kg 的量泼洒于全池，以促进水体中饵料生物的繁殖，为虾苗提供充足的食物来源。放养前对虾苗池进行肥水处理不仅可以为小龙虾虾苗下塘后创建良好的生态环境，而且可以减少虾苗的应激反应，为虾苗提供丰富和适口的生物饵料。另外，虾苗喜欢摄食天然浮游生物，据此可以在虾苗培育池中适当培养一些轮虫、枝角类、桡足类。虾苗池若为土池，则可以在池底栽种一些水草。伊乐藻、轮叶黑藻、水花生、水浮萍等水草一方面可以为虾苗提供溶解氧和食物来源，另一方面也可以为虾苗提供栖息和蜕壳场所。水草栽种量以水草覆盖率占到虾苗池总面积的 40%～50% 为宜。在虾苗的生长过程中，应注意观察水质的变化，根据水质情况及时补充培水肥料，尽量保持肥、活、嫩、爽的水质。小龙虾虾苗池中施入有机肥 7～15 d 以后再放养虾苗比较好，因为此时池中消毒药物的毒性已基本消失，虾苗池的水质基本稳定，其中天然饵料生物的生长量也相对比较适中。如果是水泥池，则可投入一些水草，同时放置一些网片和竹筒等，为稚虾栖息、蜕壳和隐蔽提供场所。

四、虾苗的来源

获取小龙虾虾苗的途径有两条。一是直接从小龙虾繁殖场获取人工培育的虾苗。如果为春季虾苗，其规格一般为 5 cm 左右；如果是秋季虾苗，其规格比春季虾苗要小，为 1～3 cm。其中，春季虾苗规格相对较整齐，不容易受伤，既可采取就近运输的方式，又方便计数，虾苗的放养成活率也比较高。二是投放亲虾，通过小龙虾自身的繁殖能力来养殖生产所需的全部虾苗。此种途径所得虾苗无需捕捞和运输，可以节省部分劳力、物力和财力。但是，虾苗的规格会比较小，虾苗数量也不便于准确估算。因此，以此种方式获得虾苗并不太利于计划小龙虾的养殖和生产，养殖效益也相对较差。实际生产中，养殖户可以根据实际条件来选择和获取虾苗。

虾苗在脱膜之后，短期内并不会离开具有较强护幼习性的雌亲虾，仍附着于雌虾的游泳足上。当虾苗可以独立生活后，才会离开雌亲虾。刚刚孵化出来的虾苗，形态与成虾基本一样，但是虾苗的体色比成虾淡，大多呈现淡淡的黄绿色，而且尾扇没有打开。虾苗需要经过至少 3 次蜕壳，才能打开尾扇。刚刚离开雌亲体的虾苗一般也不会远离亲虾，而会留在亲虾的周围活动。虾苗的警觉性比较高，受到外界刺激和惊吓时会立即附着到雌虾的游泳足，以躲避危险和寻求保护。待虾苗完全适应周围环境后，才会渐渐离开亲虾独立生活。由于雌亲虾的抱卵、护幼习性，为虾苗提供了比较充分的保护，因此小龙虾受精卵的孵化率比较高。由于虾苗的生活能力比较强，即使离开雌虾以后，虾苗的成活率也还比较高。

五、虾苗的选择

实际生产中，小龙虾养殖新手或者新池塘，因为没有养殖基础，只能通过从小龙虾繁殖场等购买或从外地引入获得养殖所需虾苗。另外，一些多年来一直养殖小龙虾的老池塘，由于长期采用自繁自养的方式获取虾苗，可能因近亲交配而产生多种不良现象，如平均个体规格越来越小、性成熟提前、疾病发生率越来越高、种质退化现象越来越严重等。人工养殖过程中，自繁自养的小龙虾虾苗，特别是连续繁殖了2代或3代以上的虾苗，大多存在不同程度的种质退化现象。为了改善小龙虾的种质，也需要适当地从外地筛选或引进部分虾苗。

小龙虾虾苗引进时间，南方可以定在每年的2月至3月底。早引入的优点是既可以让小龙虾早些适应养殖环境，也可以通过提前养殖和提早达到上市规格，提前抢占小龙虾市场，获得价格优势。由于购买和引入虾苗质量的优劣会直接影响小龙虾的养殖效益，因此在购买小龙虾时应注意选择品质较好的个体作为引入对象。选购和引入虾苗时，最好提前了解小龙虾育苗场的亲虾来源，宜选择无公害育苗场培育的虾苗，确保虾苗来源符合要求。来源不明的野生虾苗，相比人工培育的虾苗，其规格更小，同时还存在营养不足、体质偏弱等情况。收集野生虾苗的过程中，也极易造成虾苗体表损伤。这样的野生虾苗入池后容易发病，成活率极低。因此，不建议购买来路不明的野生小龙虾虾苗。

选购和引入虾苗的要点与亲虾的选择类似，也主要根据外观来选择。①选择的虾苗应体表光亮洁净，无纤毛虫和丝状藻等附着物。②虾苗应健康无病，体表带有褐色或白色斑点等个体应淘汰。

③选购的虾苗应体质健壮，这类虾苗不仅肌肉饱满，而且体色一般呈青色。体色呈红色或暗黑色的个体应及时剔除，这类个体通常为钢虾，即老头虾，养殖意义不大。④选购虾苗时尽量选择规格大而整齐的个体。规格相差较大的虾苗，投入同一养殖池后，因其好斗的天性，会出现以大欺小的现象，小规格虾苗受伤和暴发疾病的概率也会相应增加。大规格虾苗相对于小规格虾苗来讲，受伤的概率要低得多，成活率也高很多，生长速度也相应地快很多。可见，选购规格相对较大的小龙虾虾苗有利于缩短养殖周期。体表受损的虾苗容易感染水霉和引发疾病，选购时应将其排除掉。因此，选购和引进的虾苗还要求附肢完整，无断肢和断螯。⑤虾苗的活动能力要强。要求虾苗反应迅速，活动能力强，放入池塘后能够迅速游开。⑥虾苗的甲壳宜硬不宜软。虾苗中有硬壳虾和软壳虾两种，其中硬壳虾占比为80%左右，软壳虾占比约为20%。甲壳较软的软壳虾多为蜕壳不久的个体，体质较弱，运输和放苗过程中容易受伤，放养后抗应激能力差，成活率低。因此，选购和引进的虾苗宜选硬壳虾。⑦就近购苗。为了减少运输时间，提高虾苗的存活率，应坚持就近购买虾苗的原则。

六、虾苗的捕捞

捕捞小龙虾虾苗前3d应禁止向池中注水，否则会引起虾苗大量蜕壳而对虾苗造成损伤。捕捞小龙虾虾苗时可以选用小龙虾虾苗专用的地笼网具。将地笼网放入水中以后，最好使笼梢稍微高出水面，方便进笼的小龙虾虾苗透气。地笼放入池中以后，要适时观察笼中情况。发现笼中虾苗比较多时应及时收捕地笼，不然容易造成小龙虾缺氧，甚至窒息死亡。为确保进入地笼的小龙虾不至于因缺氧而出现死亡的情况，最好每天多次收取虾苗。起捕虾苗时，动作要轻，也要快，避免虾苗出现物理损伤。起捕后的虾苗应及时放进专业运输虾苗的运输箱中。置于最底层的虾苗箱不宜泡在水中，应留有足够的空隙，以防虾苗缺氧。地笼每次使用完以后，应彻底冲洗和曝晒，必要的时候可喷洒消毒剂消毒。

七、虾苗的运输

小龙虾虾苗捕捞上来以后要尽快采取干法运输运往目的地，运输时间尽可能控制在 2 h 以内。如果转运时间超过 2 h，则可通过以下几方面的措施保证运输成活率。一是要选择体表颜色为乌青色、虾壳比较硬的耐运输虾苗。二是可以采用四周覆盖了聚乙烯网布的长、宽、高分别约为 80、40 和 15 cm 的钢筋网隔箱分层运输。因为普通的筐子会有缝隙，在运输过程中产生的颠簸容易使虾苗的螯和足嵌入缝隙而导致螯和足掉落、碰伤和虾苗死亡。聚乙烯网布可以大大地减少小龙虾虾苗在运输过程中的受伤和死亡现象，但聚乙烯网布的孔径应大小适当。为了避免运输过程中网隔箱之间相互摩擦而损坏网布，运输箱的钢筋框架外最好用塑料软管包裹好。三是网隔箱的底部可以提前铺上一层湿伊乐藻或其他水草，放入小龙虾虾苗以后，再加盖一层薄薄的湿润水草，如此一层一层地垒叠。运输过程中为了保持虾苗体表湿润，可以每隔 2 h 给虾苗少量地喷洒 1 次清水。不可过多地喷水和洒水，以免底层虾苗窒息死亡。四是在高温的夏季运输小龙虾虾苗时，为了防止虾苗出现热应激，可以采用带有空调的，还可保温、保湿和保持空气新鲜的专业冷藏车来转运虾苗。由于低温可能冻伤虾苗，因此切记不可以采取在运输箱内放置冰块的方法对虾苗降温。虾苗运输时间不可过长，最长运输时间控制在 6 h 以内。

八、虾苗的暂养

小龙虾虾苗从繁殖池或养殖池中捕捞出来以后，应放在洁净的水体中禁食暂养 5 h 左右，以便虾苗排空消化道中的废物和污物。暂养期间，虾苗的密度不要过大。

九、虾苗的放养

小龙虾虾苗转运到目的地以后，应先将小龙虾虾苗连同运输箱一起放入清水中浸泡 1~2 min，然后提出运输箱，间隔 2 min 后再放入，如此反复多次，目的在于让虾苗体表充分湿润。待虾苗充分排出鳃中空气以后再打开箱子，先用浓度为 4％的食盐水浸洗虾苗约 8 min，目的是对虾苗进行充分消毒。再将虾苗分散地放养于虾苗池中。这样可以较好地杀灭虾苗体表的细菌与寄生虫，大大提高放养虾苗的成活率。投放虾苗时最好采取沿虾池四周多点均匀投放的方式。虾苗的具体放养密度一般根据养殖池的容量、池水质量的优劣，还有预计生产量等综合决定。虾苗放养的时间和规格则根据预期的上市时间来定，一般虾苗养殖约 40 d 可增重 5 倍左右，便达到上市商品虾规格。

虾苗的放养方式按照放养季节可分为以下两种。第一种放苗方式为春季放苗。时间一般在 3—4 月。放苗方式一般为多次分批放苗，放苗频率为每隔半个月放一次苗。虾苗规格为 5 cm 时，放养量约为每 667 m² 30 kg。这种规格的虾苗经过大约 40 d 的精心培育便可达到上市商品虾规格，养殖产量可以达到每 667 m² 150 kg。小龙虾的捕捞应坚持"持续捕捞、捕大留小，轮捕轮放"的合理原则。合理的捕捞不仅有利于维持养殖池内环境的稳定性，还可避免密度过大造成虾病大规模暴发。清明节前放养虾苗也比较好，虾苗的生长速度快，增重率较高。虾苗的放养密度不可过大，具体放养量可参考表 5-1。第二种放苗方式为秋季放苗。秋季虾苗的规格普遍较春季虾苗小，平均体长为 2 cm 左右。秋季虾苗的甲壳也更薄更容易受伤。小规格的秋季虾苗一般采用氧气袋充气运输。秋季虾苗在放养时，尽量一次性放足。放养秋季虾苗时，对天气的要求不高，可以选择日出前或者日出后的晴天放苗，晴天的中午不适宜放养。雨天也可以放养虾苗，但是如果雨后天晴闷热则不宜放养虾苗，这是因为低气压容易导致虾苗缺氧。最好选择在水温 10 ℃以上的晴天早晨放养虾苗，以避免阳光直射。如果早晨放养虾苗，可以把虾苗放养在深水处；如果傍晚放养虾苗，则应将虾苗放养在浅水区域。生产中，不同养殖户放养小龙虾虾苗时，放养密度差距比较大，通常情况下每 667 m² 池塘放养虾苗约 6 000 尾，放养密度最高的时候达到每 667 m² 10 000 尾。目前，许多养殖户已经开始改变养殖观念，多采取稀放、快养和早上市的养殖方式，即规格为160～240 尾/kg 的虾苗，放养密度为每 667 m² 2 500～3 000 尾（陈晓方，2021）。其他规格虾苗放养密度可参考表 5-1。面积不大的虾苗池，虾苗可一次性放足；面积比较大的虾苗池，可 2～3 次放足，以免虾苗集中投放而出现虾苗堆积和虾苗挤压受伤的情况。

表 5-1　小龙虾放养密度
（数据来源：张胜金戈等，2017）

项目	种虾	幼虾		
体长（cm）	8～12	5～8	3～5	1～3
规格（尾/kg）	15～20	20～30	40～50	100～150
每 667 m² 放养量（kg）	60～100	80～110	150～180	200～240

小龙虾养殖户也可以挑选体质健壮、个体大而饱满、规格整齐的小龙虾作为种虾或亲虾投入养殖池中进行虾苗自繁。由于自繁的虾苗不需要装车和转运，所以虾苗的成活率一般都比较高，但要注意种虾或亲虾的投放量和投放时间。亲虾的投放量推荐值为每667 m² 45 kg，建议投放时间为 8—10 月。8 月投放虾苗时，雌雄种虾的投放比例建议为 3∶1；9—10 月则按照雌雄比 2∶1 投放入池。第二年 5 月底前，可将小龙虾悉数捕捞上市。另外，亲虾放养前，池塘水位应在常年水位线以下 0.2 m 以内，还可使用直径为3.5 cm 左右的工具为小龙虾打造人工洞穴，洞穴密度约为每平方米 6 个，深度为 20～30 cm（王雨竹，2020）。

十、虾苗放养后的饲养管理

1. 饲料投喂　虾苗放养之前，可通过投施生物肥和有机肥提前培肥池水，促进浮游动物和浮游植物等天然饵料的增殖，为虾苗生长提供充足的生物饵料。虾苗放养后的第一周，可通过每天至少泼洒豆浆 3 次，给虾苗提供食物；虾苗入池培育 1 周以后，可改投一些动物性饲料，适当地搭配一些植物性饲料，投饲频率为早晚各

1次。给稚虾投喂饲料时，饲料的投喂量受天气和水质的影响较大，可根据虾的实际摄食情况来调整。一般虾苗的日投喂量较鱼类高，为虾体重的10%～15%。水质比较肥、水草长势良好、浮游生物较丰富的虾苗池，小龙虾虾苗可自行摄食和适应环境，2～3 d内可不进行人工投食，待虾苗体质恢复以后再人工投喂一些优质饲料。水质不肥、虾苗放养之前没有进行肥水处理以及水草生长情况不好的虾苗池，不仅需要及时人工投喂饲料，还要抓紧做好肥水和培草工作。

2. 控制养殖池水位和水质　春季养殖小龙虾，养殖池应一直保持较低水位，精养池的水位宜控制在40 cm以下；若为稻田养虾，则稻田要保持浅水，早春时节，稻田水位应控制在15 cm以下，之后可根据天气状况缓慢加水。刚刚放养的虾苗，入池后对新环境需要一个适应过程，这个过程会消耗虾苗体内大量的营养。为了缓解环境应激，可以向虾池内投放一些抗应激的药物或功能性物质，如以葡萄糖为载体，富含高稳定性维生素C、维生素E及天然植物提取物等的"维生素C应激灵"，以提高虾苗的抗应激能力，同时也增强虾苗的活力。此外，虾苗入池以后的前一段时间应注意观察和培肥水质，防止水体pH、溶解氧和水温等水质因子在短时间内出现剧烈变化而使虾苗产生应激反应。

3. 预防青苔　春季如果水质不肥或过瘦，则容易滋长青苔。适量青苔在小龙虾养殖中具有以下好处。一是青苔可以作为小龙虾的天然饵料，小龙虾从虾苗阶段开始便喜欢摄食青苔。二是青苔为部分水生昆虫提供了良好的栖息场所，这些昆虫往往成为小龙虾的摄食对象。三是青苔可为小龙虾创造躲避敌害生物的环境条件，有利于提高虾苗的成活率。但是，小龙虾养殖池中过量的青苔也会对小龙虾养殖造成以下危害。一是大量的青苔繁殖以后，如果不人为地加以控制，青苔将会覆盖整个池底，容易导致刚放养的虾苗被青苔缠住而影响其摄食行为，从而降低虾苗的成活率。衰老的青苔因丝体断裂会离开池底而漂浮在水面，导致阳光被遮挡，养殖池水温因此而降低，给小龙虾生长带来不利影响。同时，阳光被挡还会影响池中栽植的水草和藻类等的光合作用，继而降低水体的溶解氧量。二是青苔大量繁殖会消耗水体中的碳源和矿物质，影响养殖水体中水草和浮游植物等的生长，使水草的长势变差、浮游生物的增殖速度降低，进而破坏整个养殖池生态系统的稳定性，阻碍小龙虾的生长。三是部分青苔在高温季节会变黄、变白和死亡。死亡的青苔不仅会消耗水体中大量的溶解氧，还可能产生毒素而导致小龙虾逃跑或死亡。由此可见，虽然青苔能为小龙虾虾苗提供较丰富的活性饵料和藏身之处，但是青苔一旦大量繁殖，不仅会夺取虾苗的生存空间，还会与水草和藻类等生物竞争阳光和养分，影响水草和藻类等生物的生长，严重影响小龙虾虾苗的体质和健康状况。

值得注意的是，使用某些药物清除养殖池中的青苔以后，可能出现大部分水草也同时被杀死的情况，并且导致之后水草长不起来，影响小龙虾的生长和存活。因此，虾苗养殖过程中对于青苔应根据池内青苔的面积和水草生长情况等决定是否需要处理。如果养殖池内青苔不多，则可不处理；但如果青苔太多或青苔生长过快，就应及时处理，防止青苔生长过旺而影响小龙虾虾苗的生长。预防或控制青苔不良影响的发生的常见思路是保持池水适宜的肥度和良好的透明度。水体透明度保持在 30～40 cm 为宜。青苔过量繁殖发生以后，可采取以下方法治理。①抛撒生石灰：按照每平方米约 150 g 的量往青苔多的地方抛撒生石灰，连续抛撒 3 次，每次间隔时间 3～4 d，可以较好地除去青苔。②施入草木灰：用碱性比较大的油菜秆或大豆秆烧制的草木灰，拌水后于阴天的上午泼洒于青苔密集的区域。施入草木灰几天之后便可见青苔陆续腐烂。③晒滩：选择晴天适当地降低养殖池水位后晒滩，将池滩上生长的青苔直接晒死。④使用化学药物：青苔生长严重且已失控的虾池，可选用专门治理青苔的化学药物。

最好的方法是提前预防，即虾苗放养之前，通过池塘清理和消毒来预防青苔，还要过滤池水，避免青苔入池。勤换池水和定期施入一些肥效比较持久的厩肥，也可以避免青苔过度繁殖。最早可在养殖池中栽植水草后及时施入基肥，晴天再根据肥水情况及时补充肥料以保持虾池水体的肥度，水体肥度适宜有助于促进水草的生长和控制水体透明度，进而避免青苔滋生。总之，在养殖小龙虾的过程中，养殖户可以对青苔进行人为控制和调节。通过科学的管理和适度的控制，青苔不仅不会给虾苗养殖带来危害，还会增加小龙虾的养殖产量。

4. 虾苗的分级管理　生产中，小龙虾苗种个体生长差异大和产量低的现象比较普遍，其原因主要有以下几个方面。①绝大部分养殖户采用自繁自养和天养天收的养殖方法孵化和培育虾苗，导致虾苗普遍存在体质弱、个体差异大、成活率低、抗逆性差、不耐运输等问题。②小龙虾种质资源不好控制，小龙虾育种方面的基础性研究不够深入，以及小龙虾育苗技术不过关等因素，导致小龙虾生长发育、交配和孵化等过程不同步。③单尾小龙虾的平均产苗量仅约 200 只，遇上营养缺乏，或出现其他突发情况和应激状况，虾苗的自残率和同类相互残杀的概率就会大幅提高，这也进一步降低了单尾小龙虾的出苗量。④同一时期，甚至同一尾雌亲虾所产虾苗的生长速度可能出现较大差异，有的个体长得特别快，有的个体长得比较慢，弱肉强食，从而导致更为严重的个体差异。⑤传统养殖模式下，虾卵出苗率具有不可控性，且出苗时间不同步，这便导致虾苗在养殖过程中出现个体规格参差不齐的现象。

针对小龙虾苗种个体生长差异大和产量低的现象，袁晓泉（2021）提出了小龙虾苗种分级管理策略，建议根据虾苗的体重进行如下分级管理。①虾苗为 0～1 g 时按大小分级 1 次：将规格差异大的虾苗分开培育，通过培育养殖水体中的浮游生物，再人工投喂一些鱼糜之类的动物性饲料等食物丰富策略，强化培育虾苗约 20～25 d，可使体长 1 cm 的小龙虾虾苗快速生长至 2～3 cm，且虾苗的成活率可提高到 85％以上。②虾苗长至 2～3 g 时按大小分级 1 次：同样将规格差异大的 2～3 g 虾苗分开培育，并适当地降低养殖密度，同时每周人工辅助投喂酵素拌的配合饲料 1～2 次，强化培育 3 d 左右，虾苗的体质和抗病能力便可明显增强。③虾苗为 5～10 g 时再分级 1 次：相同规格幼虾投放到同一个养殖池中，根据虾苗规格适当地对饵料成分进行调整，以配合饲料和黄豆等为主，上午主投动物性饵料，下午主投植物性饵料，交叉投喂可加快小龙虾的生长速度，通常经 2～3 个月培育，80％以上的虾苗均可长成 30 g 以上的商品虾。需要注意的是，土塘养殖模式不利于虾苗的捕捞，如果强行捕捞，对虾苗的伤害也比较大，因此这种虾苗的分级管理策略比较适合小龙虾大棚养殖模式和工厂化育苗，不太适合土塘粗养模式。

第六章　小龙虾养殖模式

　　2020 年，我国 5 个小龙虾养殖大省，即湖北、安徽、湖南、江苏、江西的小龙虾养殖总产量为 218.69 万 t，占全国小龙虾养殖总产量的 90% 以上。河南、山东、四川、浙江、重庆的小龙虾养殖产量在全国名列第 6～10 位，共计 19.32 万 t，占全国小龙虾养殖总产量的 8.07%。小龙虾养殖模式按养殖环境可分为精养池塘养虾、稻田养虾和藕塘养虾三种，其中，小龙虾稻田养殖所占比例最大。小龙虾养殖模式还可以按照养殖对象的比例分为小龙虾主养模式和小龙虾套养模式。

第一节　精养池塘养虾模式

一、概述

　　精养池塘养虾模式大多可以一年养殖两季，有的只能养殖一季，但也有极少数养殖户一年养殖三季。精养池塘一般可于第一年 12 月开始放养虾苗，也可以于第二年 2 月开始放养虾苗，有的甚至因为虾苗价格等原因直到 5 月才开始放养虾苗。如果放养虾苗的时间推迟到 5 月，则一年只能养殖一季。精养池塘养殖小龙虾是最科学的养殖方法，是我国常见的大规模养殖方法，该模式的主要特点在于养殖效益高、产量相对稳定，但是该模式也存在日常管理费时、对养殖技术要求比较高以及养殖所需成本高等缺点。

二、养殖池塘建造

　　1. 选址　选择小龙虾养殖场建造地址时只需满足不毁、不漏、无污染等条件就算是基本可行。为了减少租用土地的费用，降低池塘建设成本，可以充分利用当地地理环境和实地条件灵活建设。例如，在两边高、中间低的小山沟处通过修建一条堤埂便可建成一个虾塘。池塘土壤质地以壤土最好，其次是黏土，不要在沙土上建塘。

2. 池塘建造 建造小龙虾养殖池塘以 8—9 月施工比较好，以便 9—10 月适时放养虾种。虾塘的面积以 3 335～4 002 m² 为宜。建造小虾塘的优点为建造费用低、操作和管理比较便利，但是，小池塘的容量低，水位和水质都很容易发生较大的变化，这对小龙虾的生长很不利。面积过大的虾塘，建造成本会高很多，面积越大成本越高，操作与管理不太方便，但大池塘的容量大，水位和水质波动小，有利于小龙虾的生长。大池塘的面积一般不要超过 6 670 m²。池塘整体呈长方形，东西走向为长，南北走向为宽。池塘的长宽比以（4～5）∶1 为宜。以面积为 3 335～4 002 m² 的虾塘为例，宽度可修建为 28～32 m，这样既便于挖掘机施工，也便于人工投喂饲料和泼洒药物，以及方便捕捞小龙虾。新建池埂应高出地面 1 m，由于建造虾池并不要求埂面很宽，池埂面的宽度达到 0.5 m 以上，方便行走即可（陈畅等，2015），埂面较窄还可以节约用地和减少建设费用。池塘的坡比为 1∶3，池塘深度为 1.8 m，养殖水体的深度为 1.4 m。待池塘注水后，其水位可调高至 1.8 m，而浅水区的水深约为 0.7 m。为了降低成本，减少施工工作量，实际建塘时可以原有自然形状为主。每个精养池的两端均设置进水沟和排水沟。池塘的进水口处应设置过滤网，防止野杂鱼、小龙虾天敌和悬浮污染物进入池内。池塘的排水口处则设置防逃网，以防止池内小龙虾从排水口逃跑。

3. 配套设施 小龙虾养殖场安装一组 3 kW 的发电机，每个精养池塘配置一台功率为 1.5 kW 的小型增氧机。在四周的池埂上安置高约 60 cm 的高钙塑料板，其中 10 cm 埋入土层，目的是防止小龙虾外逃和敌害生物入内。也可以将高度为 60 cm 左右的尼龙网或塑料板安装在池埂的内坡，安放位置为池塘最高水位线以上 30 cm 处，其中 20 cm 埋入地下，另外 40 cm 立于地面上，地上部分向塘内倾斜 30°～45°，如果防逃网地上部分的高度达到 50 cm 以上，可直立安置。条件许可的情况下，可安装防盗网，高度为 1.5 m 左右，如果安装在池埂面的内侧，则以 1.2 m 为好。

三、虾苗放养

1. 池塘清整与消毒　放养虾苗之前首先应对养殖池进行清整和消毒。2 月上旬，排干池水，并清除过厚底泥，残留的淤泥最多不超过 20 cm；晒塘 7～10 d；2 月下旬往池塘内注入 40～50 cm 新水，再按照每 667 m² 150 kg 的量将生石灰化水泼洒于全池，以便对池塘进行彻底消毒。

2. 水质培肥　可以采用已经发酵好的畜禽粪便等有机肥来培养养殖池塘内的生物饵料，粪肥可以按照每 667 m² 300～400 kg 的用量均匀地施入池中各处。

3. 种草养螺　到了 3 月中旬，便可在池塘中移栽水草，为小龙虾的生长创造宜居环境。可栽种的水草有很多种，常见的有伊乐藻和水花生，水浮萍和和轮叶黑藻也不少。水草种类不同，栽种方式稍有不同。伊乐藻切基后，一般采用分段扦插的方法进行移栽；轮叶黑藻则可直接栽种于池底；水花生在陆地和水体中均可生存，适合栽种于池塘的四周；也可以将水花生栽种在池塘中间。水草栽种面积建议不低于精养池塘总面积的 40%。到了 3 月底便可往池塘中按照每 667 m² 150～300 kg 的量适当地投放螺。

4. 虾苗放养　4 月初投放规格为 250 尾/kg 的小龙虾虾苗，放养密度为每 667 m² 55 kg。虾苗的选购应参照第五章中的相关标准。

四、饲料投喂

4 月中旬，可以开始给小龙虾投喂一些人工饲料。前期主要给小龙虾投喂小龙虾专用的颗粒饲料。中期和后期，待小龙虾规格更大些的时候，则主要投喂富含植物蛋白的豆粕和小杂鱼，也可以适当地投喂一些麸皮。6 月之前可以每天仅投料一次，如每天 16：00

左右投料。6—9 月则可以每天投料两次，如每天上午和下午各投喂一次，上午和下午的饲料投喂量可分别占全天投喂饲料总量的 30％和 70％。因小龙虾白天喜欢藏匿于水草和洞穴内，故投料时应多点分散投料，一般采取沿池塘四周投喂。饲料的投喂量受天气、水质和小龙虾的规格等的影响较大，投喂量应根据小龙虾的实际摄食情况灵活调整，投喂饲料的量一般以 3 h 以内摄食完为好。与鱼类养殖一样，给小龙虾投喂饲料时也应遵循定点、定时、定量、定质的"四定"投饵原则，以及看吃食情况、看天气、看水温、看水质的"四看"投饵原则。合理投料或精准投料，不仅可以减少饲料浪费，节约饲料成本，而且有利于保护水体环境。

五、养殖管理

1. 水质调控　小龙虾在水温、水位以及溶解氧等理化指标剧烈变化的时候，容易产生应激反应。应激反应发生之后，小龙虾的摄食量会明显减少，甚至不摄食，小龙虾的反应也会因应激变得迟钝，出现逃离池塘并爬上岸的现象。情况严重的时候，小龙虾可突然死亡。每年 5 月气温回暖比较快的时候，小龙虾养殖池的水体很容易变浑浊，影响池内水草的生长，使水体溶解氧量下降。因此，为保持良好水质，应注意及时足量换水。5—6 月，每 15 d 可换水 1 次，每次换水量约为 0.2 m 水位，透明度保持在 25 cm 左右；7—9 月则应每 7 d 换水一次，每次换水量约为 0.45 m 水位，透明度保持在 35 cm 左右；其他月份可 15～20 d 换水一次。同时，为了做好水体的消毒与改良工作，通常应每 15 d 按每 667 m^2 12.5 kg 的用量，将生石灰化水后泼洒于全池。为了改善水体质量，可以每间隔 1 个月左右按照每立方米水体 0.5～0.6 g 的用量使用消毒王水溶液泼洒于全池（陈海花，2018）。保持水体呈弱酸性或弱碱性。每月还可泼洒一次光合细菌或 EM 菌，目的是改良池塘底质。高温、闷热天气下，通过增氧机给池水补充氧气，保持池水溶解氧在 7 mg/L 左右。合理施肥也是水质调控的重要环节，虾苗放养 7 d 左右应按照每 667 m^2 追施腐熟的畜禽粪 50～60 kg；养殖中后期，可以按照每 667 m^2 约 180 kg 的量施入发酵粪肥，保持池水呈茶褐色或豆绿色的良好水色，透明度应保持在 30 cm 左右。

2. 病害防治 坚持"以防为主、防重于治、有病早治"的原则。4—5 月，可集中杀虫一次；5—10 月为小龙虾的生长季，可每月杀菌 2 次；7—8 月，集中灭杀一次纤毛虫。生产经验表明，三黄粉和虾蟹蜕壳素有利于小龙虾的蜕壳和生长，因此，可定期在小龙虾的饵料中拌入三黄粉和虾蟹蜕壳素，以促进小龙虾的顺利蜕壳和快速生长。

3. 日常管理 日常管理的内容主要包括巡塘和水质管理两方面。每日早晚按时巡塘，可以很好地了解小龙虾的摄食和水质变化情况，也有利于掌握小龙虾的蜕壳和生长状况。水质管理需要定期采集池塘水样，并检测池水的理化指标，如水温、pH、溶解氧、亚硝酸盐、氨氮和硫化氢等。小龙虾喜欢安静的环境，尤其是蜕壳期间应保持环境安静。精养池塘底部可放置塑料筒和竹筒之类物体，目的是充当人工洞穴，为小龙虾提供栖息场所，还可预防小龙虾在池埂内侧打洞而损坏池埂。一旦发现突发问题，应及时解决，并做好记录。

这种精养池塘养虾模式，可从 5 月中旬开始通过地笼捕捞大虾，留下小虾继续养殖，一直可持续到 12 月底干塘。小龙虾成活率按照 85% 计算，该种养殖模式下，小龙虾的平均产量可达到每 667 m^2 263 kg 左右。

第二节　稻田养虾模式

一、概述

在中国、美国和葡萄牙等主要小龙虾养殖区，小龙虾养殖通常与水稻种植相结合，称为稻虾综合种养模式，该模式的突出优点是可以有效地提高单位稻田面积的综合效益。根据《中国小龙虾产业发展报告（2021）》，在我国所有的小龙虾养殖模式中，无论是养殖面积，还是养殖产量，稻虾综合种养模式均排在第一位，其产量已占到小龙虾养殖总产量的 80% 以上，是我国小龙虾产业快速发展的重要基础。稻田养虾大多为一年养殖一季虾，以湖南为例，每年 6 月底至 11 月初栽种一季晚中稻，11 月初至第二年 7 月养殖一季小龙虾，一田两用实现了一田双收。稻虾综合种养模式现已被大量推广，成为可持续的、绿色的、生态的农业模式。据统计，稻田养殖模式下，水稻和小龙虾的产量可分别达到每 667 m^2 500 kg 和 50 kg 以上，每 667 m^2 稻田可增收 1 000～2 000 元。与此同时，稻田的农药施用量可降低 32%，而化肥的施用量则可降低 30% 左右（李婵，2021）。稻虾综合种养模式根据是否需要开挖沟渠，可分为稻田挖沟养殖和不挖沟养殖两种类型。其中，稻田挖沟养殖类型属于稻田套养型，水稻种植与小龙虾养殖同时进行，而不挖沟养殖小龙虾模式为水稻种植和小龙虾养殖分开进行。按照稻田一年可养殖小龙虾的批数，稻田养虾又可以分为一稻一虾模式和一稻两虾模式。

二、稻田挖沟养虾模式

1. 稻田的选择与建设　在选择养殖小龙虾的稻田时，应充分考虑水源是否充足、排灌和交通是否方便以及周围是否存在污染源等问题。稻田面积 667～13 340 m^2 均可。稻田土壤应首选保水性较好的黏性土壤。稻田四周人工开挖出一道环沟，环沟的宽度为 4 m 左右，深度为 1.2 m 左右，环沟面积大约占稻田总面积的 10%。在小龙虾养殖过程中，环沟的作用主要体现在以下两个方面。①分区与隔离：将小龙虾养殖区和水稻种植区分离开来，避免小龙虾损坏稻苗。如果环沟被推平，或者不开挖环沟，就会导致小龙虾全部进入水稻种植区，并夹断水稻秧苗及其嫩芽，影响水稻生产。有了环沟，因为其蓄水功能，能够较好地调节稻田水位，基本上可以确保环沟内的小龙虾不会爬到水稻种植区，发生损毁秧苗以及嫩芽的情况。②水位调控：生产中，若只在相连的两边开挖 U 形环沟，另外两边只堆土加高田埂，不开挖环沟，则稻田里小龙虾的规格普遍偏小，而且由于水位浅导致小龙虾经常逃跑。稻田四周开挖环形沟以后，小龙虾的规格就明显大了很多。另外，环形沟的水位加深，会使养殖空间相应增加。作为变温动物，小龙虾无法自主调节体温，一旦遇到夏季高温或冬季低温的天气，小龙虾基本上都会藏于环沟底部或水草相对丰盛的地方。如果没有开挖环沟，很多小龙虾就会因无处躲藏而死掉。因此，环形沟渠可为小龙虾的活动和繁殖提供良好的环境条件。综上所述，无论是从理论上分析，还是从实际情况来看，稻虾综合种养模式中，环沟的作用都是很重要的，有经验的小龙虾养殖户一般会将环沟挖得比较深，而且坡度设计得也比较大。此外，开挖环沟的另一个作用是方便小龙虾留种，留下来的大虾可在下半年进行自繁和自养。

田块的主干道要留出 2 m 左右的宽度，以方便田间作业的农用机械通行。田埂要求高而坚实，保水性好。在稻田改造和开挖环形沟时，从稻田挖掘出来的泥土正好可以用来加宽和加固田埂。田埂高出稻田 0.7～0.8 m，最高水位需保证 0.6 m。加宽和加固田埂可起到保水和稳水的作用。

分别位于稻田两端的进水口和排水口均应装设 20 目的防逃网，以防止天敌和有害生物随水流进入田间。田埂上则采用聚乙烯网布或塑料薄膜沿田埂四周设置防逃设施，防逃设施的地面以上部分高度在 0.4 m 左右。如果稻田面积大于 33 350 m²，田埂四周也可以不建造防逃设施，但是，稻田中间应开挖"田"字形或者"井"字形沟，以方便作业。沟的宽度和深度建议分别为 1.0 m 和 0.5 m 左右。

2. 虾苗放养前的准备

（1）清塘、消毒　虾苗投放前 15 d 左右，可以用茶籽饼按照每 667 m² 40～50 t 的使用量对稻田进行清理，并用生石灰按照每 667 m² 20 kg 的使用量带水消毒。

（2）水草种植　在环沟或者田间沟底部种植水草，确保沟内水草的覆盖率达到 50% 左右。同时，还可以投放少量螺，构建稻田生境。

（3）培肥水质　虾苗投放之前 7～10 d 可以往环沟中注入 50～80 cm 水，并按照每平方米水面 1.5～3.0 kg 的用量施足农家肥，目的是培养环沟内的饵料生物。春季要注意对环沟进行改底和培水处理。另外，还要根据水草生长情况和水的肥度及时调整稻田水位，必要的时候还要灌水或者补施肥料。

3. 虾苗放养与水稻种植 稻田挖沟养虾模式下，一方面小龙虾可在稻田里捕食危害水稻生长的各种害虫，例如稻螟、稻苞虫、稻秆蝇、稻纵卷叶螟、稻飞虱等，从而有效地预防和控制稻田虫害的暴发；另一方面，小龙虾排出的粪便还可以作为水稻的营养源，为水稻生长提供天然养分。该模式比较适合稻田面积较小且小龙虾养殖数量相对较少的情况。产量高、品质优、抗病性强的稻种为该模式的首选水稻品种。如果5月中旬可以培育水稻秧苗，则6月中旬便可移栽秧苗，秧苗移栽20 d以后，可放养虾苗。氮肥是水稻生长不可缺少的肥料，该模式下，水稻的氮肥应以尿素为主，禁止施用氨水和碳酸氢铵。施用尿素时，应遵循少量多次的施肥原则，单次施用尿素不可过多。摄食田间杂草和害虫为主的小龙虾对稻田中的农药和化肥均比较敏感，小龙虾蜕壳期间如果接触到喷施的农药和化肥，则很容易死亡。因此，给水稻喷施农药防治病害时：①要尽量避开小龙虾的蜕壳高峰期；②喷完农药应及时换水解毒，施完化肥以后则应及时注水稀释化肥浓度，以确保小龙虾正常生长。

4. 饲养管理

（1）饲料投喂 稻田挖沟养虾模式与池塘精养小龙虾模式一样，需要人工投喂饲料。投喂饲料时也应做到定时、定量、定质、定位。投喂的饲料可以是动物性的天然饵料，如螺肉、动物内脏、小杂鱼、蚯蚓以及昆虫等，也可以是一些淀粉含量或蛋白质含量比较高的植物性饲料，如玉米、小麦、大麦粉以及大豆等，水生草类和蔬菜叶等也可以适量投喂一些，以便给小龙虾补充部分维生素。稻田养殖的小龙虾会根据稻田中水生底栖动物的生物量来调整其摄食行为。有报道表明，雄性小龙虾和雌性小龙虾均会主动选择摄食稻田中的底栖动物，且在摄食的底栖动物种类方面既有共同点，也存在一些区别，如无论雄虾还是雌虾，均喜欢摄食水蚤、蚊科、水龟虫科，雄虾还喜食龙虱科和摇蚊科，雌虾则喜食划蝽科和小仰蝽属等底栖动物（何志刚等，2018）。以花翅摇蚊幼虫为代表的摇蚊科幼虫主要危害水稻的植株和根系，是水稻种植中的主要害虫之一，通过稻田养虾可减少水稻病害的发生。人工投喂饲料的量以日投料量计算，一般为小龙虾总体重的 4% ~ 6%，但具体投料量应根据对多个投食点的实际观察结果进行调整。投料频率为前期每天两次，上午和下午各投一次；后期为每天仅投料一次，投料时间可设在 18:00 左右。另外，在高温季节可以在虾料中拌入一些虾青素或三黄粉等，以提高虾的抗病能力。

（2）水质管理　小龙虾放养至稻田以后，要对田沟进行重点管理。稻田内的水位一般情况下应保持在 20 cm 左右，注水时间以 10:00—11:00 为宜。但是，稻田的具体水位还应根据水稻晒田要求以及病虫害防治要求等进行灵活调节。另外，稻田水色变差时要及时补水和换水。水稻生长中期需要适当晒田，因此要排干水稻种植区的水。平时也要多多巡田，做好稻田排涝和小龙虾防逃工作。

（3）病害防治　要把小龙虾和水稻的病害预防做到位，重点在于调控好水环境。下面介绍小龙虾常见病害黑鳃病和软壳病的防治方法。黑鳃病：按照 1 g/m³ 的用量，全沟泼洒漂白粉，间隔 3 d 以后，再按照 5 g/m³ 用量全沟泼洒光合细菌，同时在小龙虾的饵料中拌入适量的维生素 C。软壳病：典型症状是虾壳软，虾体颜色暗淡，行动迟缓，摄食量减少。防治方法为按照 20 g/m³ 的用量，全沟泼洒生石灰，并增加青绿饲料投喂量，也可将维生素 C 拌料后投喂。

稻虾综合种养模式中为了防治水稻病害，常常需要给水稻喷施农药。小龙虾作为人类餐桌上的食物，具有重要的商业价值，考虑到稻虾综合种养模式的特殊生态环境，农药的使用以及农药对小龙虾的毒性作用需要引起重视。很多农药会对小龙虾的养殖造成不利影响，例如，新型杀虫剂吡咯嗪已被证实可对小龙虾造成急性毒性作用（YU 等，2018）。吡咯嗪，一种吡啶偶氮甲基化合物，是一种新兴的吸食植物类昆虫如蚜虫、粉虱和蝗虫的杀虫剂。研究表明，吡咯嗪对小龙虾幼虾的毒性呈剂量和时间依赖性。吡咯嗪处理后的小龙虾，行为发生异常，表现为孵化期的高兴奋性、嗜睡和排便增多。小龙虾经吡咯嗪处理后，体内组织均发生明显损伤。在致死浓度和亚致死浓度（0.01～1.1 mg/L）下，吡咯嗪便可对小龙虾的死亡率、行为和组织病理学产生显著影响。在0.24 mg/L浓度下，吡咯嗪会导致鳃、胃周器官、心脏、胃、中肠和腹肌的显著病理变化。据估计，吡咯嗪在稻虾种养模式中的实际使用浓度约是计算的最大允许浓度0.106 mg/L的1/20。从这个意义上讲，在稻虾种养模式中适当使用吡咯嗪不太可能导致小龙虾死亡。然而，最大允许浓度的计算仅基于急性试验的死亡率数据，慢性暴露对小龙虾的潜在影响仍然未知。此外，由于吡咯嗪使用不当，如过量使用和长期使用，导致吡咯嗪在沉积物中累积，以及稻虾种养模式中的水浅等原因，吡咯嗪的实际环境浓度可能会升高，甚至高于推荐剂量。这就意味着在稻虾种养模式中应用吡咯嗪的安全性仍然存在潜在风险。因此，稻虾共作模式下应减少农药的使用量，以减少农业面源污染和确保小龙虾的健康。

许多有机磷农药（毒死蜱、硫脲）及拟除虫菊酯类有机氯农药（氯氰菊酯、氟氯氰菊酯、溴氰菊酯、氯虫苯甲酰苯胺等）均已被证明对小龙虾具有高度毒性（Morolli等，2006；Cebrián等，1992；Barbee等，2010；Sommer等，2010），96 h内的半致死浓度（96 h LC_{50}）低于0.1 mg/L。据报道，滥用拟除虫菊酯和氟虫腈会导致稻虾综合种养模式中的小龙虾大量死亡。其中，溴氰菊酯可通过使小龙虾体内产生过量活性氧族，诱导小龙虾出现DNA损伤、免疫毒性和神经毒性（HONG等，2020），具体表现为：28 ng/L的溴氰菊酯暴露96 h后，小龙虾的总血细胞计数和包括酸性磷酸酶、溶菌酶和酚氧化酶在内的免疫相关酶的活性均显著降低；14 ng/L的溴氰菊酯暴露24 h后，小龙虾肌肉的重要神经毒性指标乙酰胆碱酯酶活性显著下降。在环境实际浓度的溴氰菊酯暴露下，以上所有参数均呈现剂量依赖性反应，表明以上这些参数可作为敏感的生物标记物用于评估稻虾综合种养模式中或其他水产养殖业中的溴氰菊酯风险。稻田中套养的小龙虾可能会因为水稻杀虫剂的施用而中毒，其他水体中的小龙虾也可能会因为杀虫剂随着排水、喷雾迁移、地表径流甚至食物链而出现中毒。

5. 捕捞　稻虾综合种养模式下养殖的小龙虾，一般养殖 60 d 左右，部分小龙虾便可生长至上市规格。已经达到商品规格的成虾可采取轮捕轮放的方式，分批捕捞上市，通过合理降低养殖密度，促进小龙虾快速成长，也可根据种养情况及市场行情及时捕捞上市。

三、稻田不挖沟养虾模式

稻田不挖沟养虾指水稻田不经挖沟改造，只是简单地沿稻田四周包围一层防逃设施，于 4 月左右往稻田中集中投放一批小龙虾虾苗，如每 667 m² 稻田投放约 200 kg 虾苗，通过每天投喂黄豆等饲料养殖小龙虾。这种养殖方式下，仅 15～20 d 小龙虾虾苗便可长成 25～35 g 的大虾，并可集中捕捞上市，几天之内便可将稻田养殖的小龙虾捕捞完全。这种不开挖稻田便进行小龙虾养殖的方式，也被有些养殖户称为养殖泡水小龙虾，其突出优点为养殖周期短和生长速度快。在不改造稻田的前提下，通过加高稻田水位、集中投放规格整齐的虾苗、再连续投喂饲料 15～20 d 即可。待小龙虾全部捕捞上市以后，放水整田便可接着种植水稻。

1. 稻田不挖沟养虾的前提条件　稻田不挖沟养虾有以下两个前提条件。一是统一放苗和统一捕虾：统一投放规格较一致的虾苗，经过 20 d 左右的精心养殖，再集中下地笼一次性将小龙虾捕捞完，尽量让稻田里不留小龙虾，这样栽秧或者播撒谷种以后既不会发生小龙虾夹食水稻秧苗或嫩芽的情况，也不会出现下雨和涨水期间发生小龙虾全部逃跑到水稻区损毁水稻的情况。二是时间安排上可行：水稻生长期间，为避免小龙虾损毁水稻，稻田种植区不可出现小龙虾。因此，不挖环沟养殖小龙虾的方式，仅适合在水稻种植以前完成。由于不挖沟模式下放养的小龙虾规格偏大，养殖周期较短，如果时间把握适当，在种植水稻之前甚至可以养殖两季小龙虾：4 月初投放的第一批虾苗到 5 月左右便可捕捞上市，接着还可以投放第二批虾苗，到 6 月，在种植水稻之前，第二批小龙虾又可捕捞上市。

2. 稻田不挖沟养虾的优势 稻田不挖沟养虾的优势主要体现在以下四个方面。①管理相对比较轻松：与传统的稻田挖沟养虾和精养池塘养虾模式不同的是，不挖沟直接在稻田里养殖小龙虾，管理起来要轻松很多。4 月投放的第一批虾苗，每天只需按时按量投喂饵料和保证水位满田即可。因为稻田不挖沟养虾模式下，小龙虾的养殖密度并不高，所以基本上很少发生病害，并不需要像稻田挖沟养虾和精养池塘养虾模式一样频繁用药。当然，可以通过在稻田里种植一些水葫芦来给小龙虾遮阳，且因为小龙虾养殖周期短，稻田里的淤泥不厚，既不用担心底质恶化，也不用清淤整田。稻田挖沟养虾模式下一般每两年要对沟渠清淤一次，还要使用生石灰清沟，开支也比较大。而稻田不挖沟养虾，虽然稻田经过充分晒田，可不用清淤，但是仍然有必要进行消毒处理。②养殖的小龙虾规格都比较大：这种模式养殖的小龙虾规格之所以都比较大，一是因为稻田淤泥少、底质好，二是因为养殖密度比较低。一般稻田挖沟养殖小龙虾在养了 1 年以上以后，稻田和沟渠的淤泥增加，小龙虾的密度也因为自繁自养而增大，这是导致稻田挖沟养殖的小龙虾普遍规格较小的重要原因。③养殖效益也不低：4 月放养的虾苗，到 4 月下旬或 5 月初即可开始捕捞上市，待小龙虾全部捕捞完毕以后再抽干稻田的水并晒田。6 月中旬便可栽秧，8 月中下旬即可收割水稻。然后通过再次晒田，气候条件许可的情况下，还可以继续种植一季冬麦。第二年 4 月，收割完冬麦，又可接着养殖小龙虾。相对于稻田挖沟养虾模式，不挖沟养虾模式在基础建设费用投入方面可减少 60% 以上，养殖的小龙虾平均增重 10 g 以上，且品质大大提升。④避开了用水困难问题：由于稻田不挖沟养虾属于短期养殖方式，养殖时间一般都不会超过 1 个月，养殖期间只需要保证稻田处于满水状态就行，这种养殖小龙虾方式在时间上正好避开了稻田用水高峰期，因此不必担心出现用水困难的问题。而稻田挖沟养虾和精养池塘养虾模式下，沟内或池内一年四季都有小龙虾，对水源和水质的要求比较高。4 月中旬以后，稻田用水进入旺季，经常出现用水困难的问题。

3. 稻田不挖沟养虾的注意事项

（1）充分晒田　稻田不挖沟养虾一定要注意充分晒田，通过晒田氧化田间的大部分有毒有害物质。如果没有经过消毒处理，直接放养小龙虾，残留和累积在稻田中的重金属、农药、化肥等可能威胁到小龙虾的存活，也可能降低小龙虾的品质和可食性。

（2）稻田消毒和水质调控　虽然通过充分晒田可以氧化和降解掉大量的有毒有害物质，但是仍然可残留部分农药、有害病菌和寄生虫，因此除了充分晒田以外，还可用生石灰进一步消毒和杀菌。如果不对稻田进行消毒和杀菌处理，待稻田底质恶化以后，养殖的小龙虾的品质会下降，如小龙虾长得又黑又小，影响价格和养殖效益。

整体来看，无论是稻田挖沟养虾，还是不挖沟养虾，都有各自的优缺点。不挖沟养虾，投资少，养殖周期短，养殖的小龙虾规格较大，管理也方便。挖沟养虾，小龙虾的养殖密度比较大，但投资相对较大，管理难度也相应增加，养殖的小龙虾规格相对偏小。稻田挖沟养虾通过定期清淤、充分晒田以及彻底清塘等也可以将小龙虾养成大规格虾，因此，建议稻田挖沟养虾模式下最好每两年清沟一次。

四、一稻一虾模式

这种模式下，一块稻田一年之内只能养殖一批小龙虾，待小龙虾捕捞上市以后，再接着种植一季水稻。以湖北和湖南为例，3月可投放稍大规格虾苗，以 120～160 尾/kg 为好，放养密度为每 667 m^2 6 000 尾。4月开始产出一部分大虾，并陆续捕捞上市。5月中旬，小龙虾可全部捕捞售完，30 g 以上大规格小龙虾的产量可达到每 667 m^2 125 kg 左右。6月，开始种植水稻。10月底或11月初，稻谷成熟，其产量可达到每 667 m^2 500 kg。

一稻一虾养殖模式适合水位不深、没有开挖环沟的稻田。环沟较浅的稻田，如环沟宽度为 5 m、深度仅 0.6 m 的稻田也可利用一稻一虾模式养殖小龙虾。在收割完水稻以后，12月开始注水泡田，待稻草腐烂，将稻田中的黑水排出，继续注新水泡田，稻草继续腐烂，再次排出稻田中的黑水，如此循环两三次。然后种草养虾，虾苗的放养时间多在第二年的4—5月，放养的小龙虾规格约为250尾/kg，放养密度大约为每667 m² 3 500尾。5月左右，可以开始产出商品虾。待小龙虾捕捞完全，又可充分利用稻田种植水稻。4月下旬至5月上旬，播撒谷种，培育秧苗，5月底至6月初，开始栽种水稻秧苗。该模式每667 m²可平均生产稻谷500～550 kg，可产出小龙虾约80 kg。一稻一虾模式是一种虾稻混合的种养模式，在水田丰富的长江流域比较流行。该模式的最大优点就是一田两收，而且水稻和小龙虾两者之间存在生物互惠和资源互补利用，例如小龙虾排泄物可以肥田，稻田中的一些昆虫和水稻害虫可以为小龙虾提供食物来源。成片的稻田连在一起养殖小龙虾，其产量往往会更好。这种养殖模式下的小龙虾，虾体强健有力，活动能力很强，肉质鲜美，养殖成本较低，管理强度也不高；该模式的突出缺点是长期养殖下去，小龙虾的产量往往不会太高，需要依靠小龙虾的质量来弥补这个缺陷。

五、一稻两虾模式

此种稻虾综合种养模式是指利用稻田种植一季水稻，同时在水稻种植期间养殖2～3批小龙虾。以湖北和湖南为例，一般在9—10月水稻收割完以后对水稻田进行适当改造，以创建小龙虾养殖适宜条件。例如，沿稻田四周挖掘宽3.5 m、深1.2 m的环形沟。稻田的坡比为1∶1.5。同时，合理利用挖掘环形沟时产生的田泥对田埂进行加高、加宽、加固处理，使田埂高于田面约0.9 m，埂底宽度约为3.5 m，埂顶宽度则为1～2 m。接着在稻田的两端分别设置进水管和排水管，并沿稻田外埂设置高度超过40 cm的防逃网。稻田基本改造结束以后还需消毒。

消毒处理结束过后，稻田环形沟内需要种植水草，水草种植面积占环形沟总面积的10%左右即可。放养小龙虾的同时，可以搭配放养少量的田螺和河蚌。正式投放小龙虾时，小龙虾参考投放密度为每 667 m² 18 kg，且雌雄比建议设为 3∶1。一旦错过当年投放小龙虾的适宜时间，就只能顺延到第二年 4—5 月。规格约为 2.5 cm 的虾苗，投放密度参考值约为每 667 m² 1 万尾。饵料和水草的日投喂量约为虾苗总体质量的 2‰～5‰。12 月至第二年 2 月，应根据气温变化，适时关注稻田水质变化，必要的时候及时调节好水质，同时做好防冰冻工作。3—4 月便可根据捕大留小和轮捕轮放的原则开始捕捞和收获成虾，同时根据捕捞的小龙虾的情况及时补充投放一批幼虾。5—6 月开始整田，并选择适宜的水稻品种进行育秧、插秧、秧苗栽植。7 月高温季节应注意稻田中环形沟的水草管理，往环形沟中注水以便让小龙虾进入稻田生长。8—9 月根据前期捕大留小和后期捕小留大的原则捕捞和收获小龙虾，注意留下足够数量的第二年繁殖用的亲虾。虾的留量约为每667 m² 18 kg。

　　总体来看，稻虾综合种养模式是一种高效的人工生态系统，在我国亚热带地区得到广泛应用。越来越多的证据表明，与小龙虾健康状况密切相关的肠道微生物群平衡可能会受到外部环境的影响，但是，目前可用来评估稻虾综合种养模式对小龙虾肠道微生态的影响的信息较少。SHUI 等（2020）采用 16S rRNA 高通量测序方法研究了小龙虾水稻综合种养模式中小龙虾的肠道中细菌群落组成的多样性和功能，发现稻田养殖的小龙虾肠道微生物具有高度多样性，其肠道菌群主要包括放线菌门、变形菌门、软壁菌门、厚壁菌门和拟杆菌门等。从属的角度看，假丝酵母菌属（念珠菌属）和鸟氨酸杆菌属是优势种群，其丰富度远远超过其他属。

第三节　藕塘养虾模式

一、概述

　　莲藕池塘养虾是指在莲藕塘中套养小龙虾的生产模式，有藕虾共作和莲虾共作两种方式。与稻田养虾一样，藕塘养虾也是一种种植业和养殖业相互利用、相互补充的综合种养模式。相比稻田养虾，藕塘养虾的风险要小很多。池塘精养模式和稻虾共作模式主要是为了养殖商品成虾，但藕塘养虾一般多用来培育虾苗。生产中，精养池塘养殖的小龙虾，部分虾苗由藕塘培育。因此，藕塘模式养殖小龙虾的整体收益也相对要低些。据报道，仅江苏省连云港市灌云县便拥有 321.6 km² 藕虾混养塘。藕塘养虾模式的效益，可通过在藕塘中推广立体生态养殖小龙虾的方式得以改善和提高。藕塘立体生态养殖小龙虾平均每 667 m² 可分别收获莲藕和小龙虾 1 200 kg 和 80 kg 左右，每 667 m² 藕塘收益则可达到 8 000 元。

二、藕塘建设

1. 藕塘工程　藕虾共作模式可以选择通风向阳、池底平坦、水源充足、进排水设置齐全的面积为 3 335～33 350 m² 的莲藕池塘作为藕虾综合种养池。池塘确定好以后，首先应对莲藕池进行适当改造。例如，为了方便通风与用药，可以在种植莲藕的池塘中挖出"田"字形或者"十"字形虾沟，虾沟的宽度和深度分别为 4～5 m 和 1～1.5 m，虾沟的具体宽度和深度可根据藕塘实际情况确定。虾沟与池埂距离 2 m 左右。池埂应高出池塘正常水平面 0.8 m，池埂宽约 3 m。池埂四周采用钙化板或塑料膜设置防逃墙，且池埂地上部分的高度要达到 0.4 m 以上，以防止小龙虾外逃。与精养池塘和稻田养虾一样，藕塘养虾也需同时设置进水口和排水口，且进水口和排水口处应分别设置过滤进水水源用的筛绢网和防止小龙虾逃跑与敌害生物入塘的遮挡网罩。进水口和出水口可呈对角线分别设置于藕塘的两端。藕塘整体呈长方形，塘底淤泥厚度和塘内平均水位分别 0.2 m 和 0.25 m 左右。

2. 消毒与施肥　在放养小龙虾虾苗之前的 10～15 d，应按照每 667 m² 100～150 kg 的用量，将生石灰化水后泼洒于整池，对藕塘进行消毒处理。同时，按照每 667 m² 池塘面积施用 1 500～2 000 kg 基肥，以培肥藕塘水质，为后续养殖小龙虾创建较好的营养条件。

莲藕长出第一片嫩叶之前，先不要急着放养虾苗，因为小龙虾一旦入塘，可能对藕种造成损毁，对莲藕萌芽造成不利影响，进而影响莲藕后续的正常生长。莲藕的第一片嫩叶长出来以后，再放养种虾比较合适。放养的种虾尽量来自不同养殖场，这样可以避免因虾源不好而全塘覆没。

三、莲藕栽种

1. 栽培季节　莲藕比较适宜生长在温暖湿润的环境中。莲藕的适宜栽种时间应根据当地气温确定，一般气温稳定在 15 ℃以上比较适合栽培莲藕。莲藕栽种的整体原则为宜早不宜迟。

2. 莲种选择　莲虾共作模式，应注意莲种的选择。莲藕品种比较多，可以选择栽种花蕾多、籽粒大且产量高的太空莲 36 号和建选 17 号等品种。长江中下游地区，莲藕的种植时间可以定在 3—4 月。种植莲藕前应将藕塘的水位控制在 10～50 cm，最好控制在 10 cm，以方便莲藕种植作业。莲藕的种植密度以每 667 m² 池塘种植莲藕 200 支、行株距以 4 m×3.5 m 为好。

3. 藕种选择　藕虾共作模式下一般选择藕段种植方式。利用藕段种植莲藕时，首先要注意藕种的选择，以表面完整且长势较好的藕段为好；其次，选择藕种时还要注意莲藕节段的数量，一般节段数量在 3 节以上的莲藕比较适合作为藕种。表面完整和节段数量较多的莲藕往往会长得更大更好。莲藕栽种的时间在不同地区稍有不同。湖南和湖北地区，一般在清明节前后栽种莲藕，且需要在藕种顶芽萌发之前栽种。莲藕生长适宜温度范围为 20～30 ℃，栽种莲藕的最低温度应该在 15 ℃左右，温度过低，栽种的莲藕很难存活。我国南方和北方的温差相对比较大，南方地区莲藕的适宜栽种时间一般为 2—3 月，而北方地区为 4—5 月。待藕塘耙平以后，将莲藕从茎节部位切下，然后顶部朝下，斜插入土壤以下约 5 cm 处。埋入藕种前，先按照藕种的外形扒开淤泥，放入藕种后再盖上淤泥，但为了有利于莲藕幼芽萌发和新叶生长，莲藕的梢部应露出水面。已经长出新芽，而且嫩芽边上还长出新根的藕苗，可直接栽种于藕塘。注意藕塘中开挖的虾沟处不可栽种藕种。藕种栽种量约为每 667 m² 150 kg。

藕种成活并生长一段时间后便可放养虾苗。与精养池塘养虾模式及稻虾综合种养模式相比，藕虾共作模式需要特别注意：考虑到莲藕一般在 5—6 月发芽，可在每年的 5 月前将藕塘中的小龙虾尽可能捕捞完全，且捕捞完以后还需要使用药物对藕塘进行清塘和除害，否则会造成藕苗被小龙虾损坏，影响莲藕的发芽与生长，直接降低莲藕的产量。

四、虾苗放养

1. 环境营造 与精养池塘养虾模式和稻虾综合种养模式一样，藕虾共作模式也要在藕塘的虾沟中栽种水草。水草种类可选择伊乐藻、轮叶黑藻和狐尾藻，也可以选择空心菜和水花生等。水草栽种面积约占虾沟总面积的 40%，以便为小龙虾虾苗或种虾提供栖息和隐藏的场所。另外，在虾沟中适量放置一些塑料筒和竹筒之类的遮挡物：一是可以为小龙虾提供栖息、隐蔽与蜕壳场所；二是可以减少小龙虾的打洞行为，起到保护塘埂的作用。虾沟内后续再投放一些田螺和河蚌等生物，不仅可以净化藕塘水质，还能为小龙虾的生长提供丰富的天然饵料。田螺与河蚌的投放密度分别约为每平方米 8～10 个和 3～4 个。

2. 放养模式

（1）投放幼虾 清明节前后，即 4—5 月，当气温上升到 18 ℃以上，栽种的莲藕也长出了第一片嫩叶的时候，便可外购或者捕捞规格为 2.5 cm 左右、附肢齐全、无病无伤的虾苗，按照每 667 m² 2 500～8 000 尾的密度投放到藕塘中。小龙虾幼苗投放前用聚维酮碘浸泡 3 min 左右，以对虾体进行消毒处理。

（2）投放种虾 考虑到莲藕一般在 5—6 月发芽，此时应避免投放小龙虾。因此，南方的小龙虾放养时间一般在 6 月底至 8 月初，此阶段可以按照雌雄比例 3∶1 或者 5∶2 每 667 m² 投放性成熟的大规格种虾约 25 kg，具体投放密度可依据藕塘实际情况确定。投放大规格种虾不仅有利于小龙虾虾苗的繁殖，且投放的种虾经过 2～3 个月的人工养殖即可以长成更大规格的商品虾进行出售，这样既可以提高该养殖模式的经济效益，又可降低藕塘中小龙虾的养殖密度。此阶段投放虾种，由于气温相对比较高，故可选择在清晨或傍晚等气温相对较低的时间投放。

五、种养管理

1. 藕塘管理 莲藕在藕塘种植约 1 个月以后，荷叶和荷花会慢慢长出来。为了避免因荷叶和花蕾消耗大量养分而降低莲藕后续生产效益，这时需要将莲藕的部分荷叶和部分花蕾摘除。在藕塘管理方面，首先应注意藕塘水位。藕塘的水位应随着莲藕的生长而逐步增加，若藕塘中的荷叶基本长满，表明藕塘中已经长出了很多嫩藕，这时需要往藕塘中施用一次有机肥，以及时给莲藕提供充足的养分。若藕塘中已经渐渐地没有新叶长出，表明藕塘中的莲藕正在慢慢长大，此时还要再往藕塘中施一次有机肥，通过给莲藕补充大量养分以维持莲藕的正常生长。藕塘中的水位既不宜太深，也不能太浅，正常情况下水位一般控制在 $10\sim25$ cm。

2. 小龙虾的养殖管理 每年 6 月，待莲藕的荷叶和虾沟中的水草都基本长满，即可开始往藕塘中投放小龙虾苗种，此时藕塘的水位应保持在 25 cm 左右。由于藕塘中的天然饵料有限，因此，藕塘养殖小龙虾时需要额外补充投喂人工配合饲料，促进小龙虾生长。市售小龙虾全价配合饲料大多为沉性饲料，且蛋白质含量均比较高，可达 42%。小龙虾投饲管理的关键在于适量投喂，目的是既保证小龙虾充分摄食，又不会造成饲料浪费。小龙虾配合饲料的日投喂量根据养殖小龙虾的总体重确定，一般占虾体总重量的 $1\%\sim2\%$。配合饲料的具体投喂量应根据天气和小龙虾的摄食情况灵活调整。投喂饲料的原则为定点、定时、定质和定量。饲料投喂的地点为藕塘开挖虾沟处。

3. 病害防治 养殖小龙虾期间，应每日巡塘，这有利于及时了解小龙虾的活动状况、摄食情况以及藕塘水质的变化情况。此外，每日还要做好天气、水温及饲料投喂方面的记录，适时加水以保持藕塘正常水位和水体交换。日常管理过程中，应以水质调节和水体消毒等预防工作为主，每月可用生石灰在藕塘的进水口处以挂袋形式对藕塘水体进行消毒，尤其要注意水源上游禁止使用敌百虫、菊酯类等农药，以及严禁氨水和碳酸氢铵等流入藕塘，避免因为上述原因造成小龙虾的死亡，并减少小龙虾的产量和养殖效益。

六、莲藕与小龙虾的采收

湖南和湖北等地，每年 11 月左右，当荷叶背面呈现红色时，表明莲藕已经成熟。此时，便可以采收莲藕，同时也可以开始捕捞小龙虾。据报道，这种藕虾共作模式，每 667 m² 藕塘可以产出 60～70 kg 小龙虾和 1 100～1 300 kg 莲藕，投入产出比接近 1：2，经济效益较好。

第四节　小龙虾的其他养殖模式

小龙虾养殖模式，还可根据养殖池内养殖的对象分为以下几种：主养小龙虾模式、小龙虾与鱼种混养模式、小龙虾与成鱼混养模式以及小龙虾与其他甲壳类混养模式等。

一、主养小龙虾模式

池塘内的养殖对象以小龙虾为主，以大规格鲢、鳙鱼种等为辅的小龙虾养殖模式可称为主养小龙虾模式。搭配养殖大规格鲢、鳙鱼种的主要目的在于调节水质和提高综合养殖效益。该种模式根据小龙虾的放养时间又可分为春季放养虾苗和秋季放养亲虾两种（成学山，2015）。①春季放养虾苗：这种小龙虾养殖模式下，小龙虾的适宜放养时间一般在 3—4 月，规格通常约为 250 尾/kg，放养密度则约为每 667 m² 35 kg；池塘内搭配养殖的鲢、鳙鱼种的适宜放养时间多为 5 月，规格为 5 尾/kg 左右，放养密度为每 667 m² 200 尾左右。春季放养虾苗方式下，6 月便可开始按照捕大留小的原则逐渐捕捞小龙虾；待小龙虾养殖结束后，再通过干塘的方式捕捞鲢和鳙。据报道，该模式下平均每 667 m² 池塘可收获小龙虾 150～

200 kg，以及鲢和鳙共 250～300 kg。②秋季放养亲虾：此种模式下，小龙虾的适宜放养时间为每年 8—9 月，投放的亲虾规格约为 25 尾/kg，雌雄比为 3∶1，放养密度为每 667 m² 28 kg 左右。当年 8—9 月投放的亲虾，一般于第二年 3—5 月已完成繁殖过程，并可将其捕捞上市销售，繁殖产生的小虾苗则继续留在池塘内进行成虾养殖。由此可见，春季放养虾苗与秋季放养亲虾不仅在放养时间上有区别，在小龙虾的规格和放养密度方面也存在较大差异。

二、小龙虾与鱼种混养模式

池塘中的养殖对象以鱼种为主，以小龙虾为辅，这样的小龙虾养殖模式可称为小龙虾与鱼种混养模式。该模式下，小龙虾的适宜放养时间一般在 3 月底至 4 月初，放养的小龙虾为虾苗，规格约为 5 g/尾，放养密度约为每 667 m² 2 500 尾。与小龙虾混养的鱼类主要为鲢、鳙、鲫等大宗淡水鱼类，每年 6 月可开始投放夏花，鲢、鳙、鲫夏花的放养密度分别为每 667 m² 12 500、2 500 和 2 000 尾。在夏花投放入池之前，池内养殖对象基本上为小龙虾，故投喂的饲料应为小龙虾专用的人工配合饲料；夏花投放入池以后，池中既有鱼又有虾，但养殖对象以鱼为主，因此，投喂的饲料应主要为鱼种配合饲料。6 月，一些生长较快的小龙虾可以达到成虾规格，此时，应根据捕大留小的原则陆续将大虾捕捞上市，2～3 个月的时间基本可将养殖池内的小龙虾捕捞完全；鱼种则养到年底可捕捞上市，也可以继续留塘越冬，捕捞或者继续留塘养殖应根据鱼类的具体生长情况决定。据报道，该模式下每 667 m² 池塘可收获 1 000 kg 左右的鱼种以及 50～60 kg 的小龙虾。

这种鱼虾混养模式与池塘精细化养殖小龙虾模式很类似，是小龙虾众多养殖模式中收益相对较高的一种。鱼虾混养模式中小龙虾的养殖密度不能太高；混养的鱼种可优先选择比较温顺且经济价值也较高的种。鱼虾混养的最大优点是鱼和虾之间可以互相刺激，确保小龙虾的生命力，并去除一些劣质小龙虾幼苗，同时因为鱼类养殖可以对养殖水体的水质起到调节作用，还可以减少小龙虾疾病的发生与威胁。但是，这种养殖模式的投资成本较高，并且所消耗的时间和精力也不少。

三、小龙虾与成鱼混养模式

该模式与上述小龙虾与鱼种混养模式既有相同之处，也存在区别。两种模式的相同点有两处：一是混养的鱼种均为大宗淡水鱼类，如鲫、鳊、鲢和鳙等；二是两种模式均是鱼类养殖为主，小龙虾养殖为辅。两者的主要区别在于养殖的鱼类规格不同，与鱼种混养模式放养的是夏花，与成鱼混养模式放养的是鱼种。由于该模式的养殖对象以成鱼为主，故养殖管理方面偏向于成鱼的养殖管理。不同鱼种的适宜放养时间为 3—4 月，放养的鲫、鳊、鲢、鳙等鱼种的参考规格分别为 20、15～20、4～6、4～6 尾/kg，放养密度参考值分别为每 667 m² 1 250、550、150、150 尾。小龙虾的适宜放养时间稍晚于鱼种，湖南和湖北等地的参考时间为 4 月底至 5 月初，放养规格为 3 cm 左右，放养密度为每 667 m² 4 500 尾。养殖 1 个多月以后，即 6 月中下旬，部分小龙虾便可生长至上市规格，可开始按照捕大留小的原则陆续将小龙虾捕捞上市；成鱼则可于年底根据市场价格捕捞出售。该模式下，池塘成鱼和小龙虾的平均产量可分别达到每 667 m² 约 1 100 kg 和 90 kg。

四、小龙虾与其他甲壳类混养模式

该模式下，与小龙虾混养的甲壳类动物常为螃蟹。由于同属甲壳类动物，螃蟹也具有和小龙虾相似的食性，以及同类相残的习性。无论是小龙虾单独养殖、螃蟹单独养殖，还是小龙虾和螃蟹的混养，养殖池内都应栽种水草，且以复合型水草为好。栽种的水草不仅可以作为螃蟹和小龙虾的植物性饵料，还可作为其栖息、隐蔽和蜕壳场所，应保证其在池中的覆盖率达到养殖池总面积的 60%以上。该模式根据养殖对象的主次地位可分为小龙虾主养和螃蟹主养两种类型。小龙虾作为主养品种时，养殖管理偏向小龙虾养殖管理为主。此种类型下，小龙虾虾苗适宜放养时间为 2—3 月，虾苗规格参考值为 250 尾/kg，放养密度建议为每 667 m² 35 kg；处于次要养殖地位的螃蟹的适宜放养时间多在 5 月，规格为 80 只/kg 左右，放养密度约为每 667 m² 250 只。该养殖类型下，养殖池塘内小龙虾和螃蟹的平均产量分别约为每 667 m² 180 kg 及 28 kg。当以螃蟹为主养品种时，池塘的养殖管理则相应地偏向螃蟹的养殖管理。螃蟹的适宜放养时间在 2—3 月，规格为 150～200 只/kg，放养密度为每 667 m² 700 只；处于次要养殖地位的小龙虾，虾苗的适宜放养时间为 4 月下旬至 5 月上旬，规格约为 250 尾/kg，放养密度建议为每 667 m² 2 000 尾。该方式下，池塘中螃蟹和小龙虾的平均产量分别约为每 667 m² 80 kg 及 40～50 kg。

第七章 小龙虾的病害及其防治

第一节 小龙虾病害概况及发生的要素

一、小龙虾病害概况

不论是野生小龙虾还是人工养殖的小龙虾，均可能在其生命周期的任意阶段发生疾病。但是，不同的地区，小龙虾的病害种类以及发病程度可能存在很大差异。即使在相同养殖场的不同养殖池塘内，小龙虾病害发生的严重程度也可能存在较大差异。小龙虾病害发生的严重程度，主要取决于小龙虾自身的抗病能力。其次，病原体种群数量、养殖水体的微生态环境也会对疾病的严重程度产生明显影响。通常情况下，新建养殖池塘内的小龙虾疾病发生率很低，即便发生疾病，其严重程度也大多比较轻。但是，随着养殖池塘养殖时间的延长，如果不定期清塘和消毒，那么从第二年起，其内养殖的小龙虾发生各种病害的概率会逐渐增加，病情也变得严重。究其原因，可能是病原微生物的种群经过上一年的积累达到了比较多的数量，超过了导致小龙虾发病的程度。

二、小龙虾病害发生的要素

与其他水产动物一样，小龙虾病害的发生往往同时具备易感个体、不利环境条件、病原及传播途径等四个要素。

1. 存在大量易感病的小龙虾个体 小龙虾自身的抵抗力是其抵御各种病原体的重要屏障。相对于身强体壮和免疫力强的小龙虾，老、弱、残个体发生疾病的概率会大大增多。以软壳虾为例，其对各种疾病的抵抗能力就要比正常小龙虾低很多。

2. 小龙虾生长的环境因素不利 小龙虾为水生生物，因此引起小龙虾疾病和危害小龙虾健康的环境因素主要与水有关。养殖水体的温度、水质因子、水体中化学污染物的种类与含量等均直接影响小龙虾的健康。①水温：适宜的相对稳定的水温有利于小龙虾的生长，水温过低和过高，以及水温急剧变化等则可能损害小龙虾的健康。因为小龙虾属于冷血动物，其体温会随水体温度的变化而变化。当小龙虾养殖水体的水温在短时间内发生剧烈变化时，一些适应能力不强的小龙虾，尤其是虾苗，可因水温的急剧变化而发生病理变化，严重的时候甚至引起死亡。例如，放养小龙虾虾苗时，一般要求待放养虾苗的养殖池与其培育池的温差不能过大，以不超过3℃为好。否则，虾苗会因为温差大而发生病害，甚至批量死亡。②水质：保持小龙虾养殖水体良好的水质，可以有效减少疾病的发生。透明度、溶解氧、pH、氨氮、化学需氧量以及微生物等是评价养殖水体水质的常用指标，良好的水质是维持小龙虾正常生理活动的重要条件，直接影响小龙虾的生存和生长。③化学污染物：化学污染物属于不具有侵染性的非生物性病原，主要包括不利的环境因素、营养因子、气象和水质因子等。小龙虾养殖池塘中水体化学成分往往受到人类生产活动、池塘周围环境、池塘水源、池塘底质的影响。以池塘底质为例，过量投喂导致的食物残渣、养殖动物排泄的粪便、死亡的动植物尸体等有机物质均可在池底沉积，而且沉积量会随养殖时间的增加而增多。因此，养殖多年且长期未清塘的养殖池，底泥中有机物会大量堆积。底泥中有机物堆积过多对水质的不良影响在于这些有机物在分解过程中会消耗大量的溶解氧，导致养殖水体溶解氧下降，对小龙虾的健康不利。同时，这些有机物还会在分解过程中释放 H_2S 和 CO_2 等有害气体，对小龙虾造成毒害作用。除了有机物质以外，部分养殖池底泥中的 Pb、Zn、Hg 等重金属矿物元素的含量也比较高，既可增加小龙虾重金属中毒的概率，也可能降低小龙虾的产品品质。此外，工业废水和生活污水等进入小龙虾养殖池后，轻则抑制小龙虾的生长，重则直接导致小龙虾批量死亡。

3. 存在高致病性病原生物　引起小龙虾发生病害和损害小龙

虾健康的罪魁祸首是生物性病原，以具有传染性的病毒和细菌为主，也包括真菌、类立克次体、原生生物和后生动物等。这些病原生物的传染力与病原生物在小龙虾体内定居和繁殖情况，以及从小龙虾体内排出的病原数量等密切相关。一旦小龙虾的养殖水体条件恶化，存在于小龙虾体内的病原生物便会趁机大量生长和繁殖。随着病原生物数量的增加，其传染能力和致病性也会相应增强，对小龙虾危害也就变大。此时，应及时使用药物杀灭病原体，或通过生态学措施降低病原体数量，减少小龙虾病害的发生。总之，切断病原体进入养殖水体的途径是预防小龙虾疾病的主要方法。一旦病原体进入了养殖水体，则只能针对性地采取生态、药物和免疫防治措施，将病原体数量控制在不危害小龙虾养殖的限度以内，才能减少小龙虾病害的发生。

（1）细菌　细菌病是小龙虾养殖过程中最常见，也是发生范围最为广泛的一类病害，主要由既能在有氧环境又能在无氧环境中适应生长与代谢的兼性细菌寄生和感染而引发。目前，已从小龙虾体表和体内分离到气单胞菌、假单胞菌、芽孢杆菌、不动杆菌、黄杆菌、棒状杆菌、柠檬酸杆菌、葡萄球菌、微球菌、弧菌等 10 个属的细菌；已从患病的小龙虾中分离到的致病菌包括副溶血弧菌、嗜水气单胞菌、弗氏柠檬酸杆菌、维氏气单胞菌等，且上述细菌均为条件性致病菌。

（2）病毒　引起小龙虾病害的病毒共有 7 科 11 种。其中，白斑综合征病毒（white spot syndrome virus，WSSV）的分布最为广泛，几乎所有的小龙虾栖息地均有 WSSV 的分布。WSSV 不仅分布广，而且对小龙虾的致病性强，致死率也相当高。WSSV 现已成为危害小龙虾养殖的重要病原微生物。

（3）真菌　真菌与小龙虾存在内生、腐生、共生和寄生四种关系，其中，与小龙虾呈内生、腐生、共生关系的真菌不仅不会引起小龙虾病害发生，还可能促进小龙虾的生长。例如，共生真菌与小龙虾彼此互惠互利；小龙虾肠道内的真菌，有利于维持小龙虾肠道内的微生态平衡和促进小龙虾的生长；腐生真菌虽然把小龙虾当作宿主，但一般并不会导致小龙虾疾病的暴发。但是，寄生真菌往往会导致小龙虾发生病害。已报道的可危害小龙虾健康的真菌有 36 属 70 余种，影响较大的为壶菌、半知菌、担子菌和接合菌等。

由壶菌引起的传染性疾病为壶菌病，该类疾病主要发生在两栖动物中，其病原为蛙壶菌，蛙壶菌的非菌丝游离孢子感染两栖类动物以后即可使其发病。蛙壶菌现已被证明可在许多非两栖类动物中传播，小龙虾也能携带该侵染源。该类真菌通过释放化学物质而对小龙虾产生毒害作用，如降低小龙虾生长率，导致小龙虾死亡。无论是野生小龙虾，还是养殖小龙虾，从感染蛙壶菌的时间上看，均具有明显的季节性。这与蛙壶菌的适宜生长温度有关。蛙壶菌适合生长于 4～25 ℃的环境下，最适温度范围为 17～25 ℃，因此，春夏之交和秋冬季节转换的时候，小龙虾容易感染蛙壶菌。水温超过 25 ℃，蛙壶菌的生长会明显变差；水温高于 28 ℃时，蛙壶菌会停止生长。已感染蛙壶菌的红眼雨滨蛙在 37 ℃的环境生活一段时间，壶菌病便可痊愈。

半知菌中以酵母和镰刀菌在小龙虾养殖中的报道较多。在不同国家和地区的小龙虾上仅分离到 4 种酵母菌，即革兰隐球菌、月牙隐球菌、红酵母菌及白吉利丝孢酵母。其中，革兰隐球菌对小龙虾的危害性很小，一般不会导致小龙虾死亡。白吉利丝孢酵母的菌丝可侵入小龙虾外壳，并引起感染，导致小龙虾的表皮或角质层出现黑色素沉积并发生小面积黑色病变。感染白吉利丝孢酵母的小龙虾，如果不及时治疗，可能死亡，且死亡率一般在 60% 以上；但如果能及时使用 100 mg/L $MgCl_2$ 溶液处理被侵袭的小龙虾，则不仅可以有效地阻止白吉利丝孢酵母在小龙虾个体之间传播，还可使小龙虾的存活率提高到 50%。白吉利丝孢酵母的侵袭对象大多为免疫力下降的小龙虾。引起小龙虾病害的半知菌类还包括 5 种镰刀菌，分别为能引起小龙虾真菌性甲壳病和褐腹病的茄镰刀菌、能引起白爪小龙虾黑鳃病的烟镰刀菌、可以引起欧洲高贵小龙虾和叉肢螯虾灼斑病的燕麦镰刀菌和茄镰刀菌以及引起淡水小龙虾黑鳃病的尖孢镰刀菌和串珠镰刀菌。与小龙虾病害发生有关的其他半知菌还有肾球叶点霉、枝状枝孢菌、青霉、曲霉、链格孢、厚垣链格孢、淡紫拟青霉、束梗霉和内生刺孢壳菌等。总之，对小龙虾养殖业造成危害的真菌主要是半知菌类。

由接合菌引起的小龙虾疾病称为接合菌病。生产中，可对小龙虾养殖业造成危害的接合菌多为接合菌纲和毛菌纲。担子菌分布广泛，但仅极少数种类对小龙虾具有致病性。从小龙虾消化道中分离到的多种真菌也被证实是小龙虾的潜在病原真菌。

4. 存在有效的传播途径　小龙虾养殖过程中因管理不善，很容易为病原创造良好的传播途径，造成病害传播。生产中造成病害传播的原因包括以下几方面。①小龙虾体表损伤：捕虾和运输过程中如果操作不当很容易使小龙虾附肢残缺或体表损伤，导致病原生物侵入和感染，最终引发疾病。②感染病原生物：小龙虾的许多生产环节，如果不注意消毒便很容易导致小龙虾感染致病菌。例如，给小龙虾捞取活饵、采集水草，或者投喂饲料的过程中，由于食物不清洁或消毒工作不充分，可能将外界的病原生物带入小龙虾养殖水体；捞取过病虾的工具如果未经消毒就重复使用，也极易为病原生物的传播创造良好的途径，短时间之内便可造成小龙虾疾病的大面积重复感染或交叉感染。③饲料饲喂不当：规模化的小龙虾养殖方式基本上都是靠人工来投喂饲料，如果长期饲料投喂不合理，则会降低小龙虾免疫力，导致小龙虾感染疾病。例如，给小龙虾投喂已经被病原污染或者发生了霉变的饲料，投喂不及时和投喂过量导致小龙虾或饥或饱，长期投喂单一种类的饲料等，可损坏小龙虾消化系统结构，或者使小龙虾出现营养不良，造成小龙虾体质下降和疾病发生。饲料原料选择不当，或者饲料投喂过量，不仅造成饲料大量浪费，还会引起水质恶化与腐败，威胁小龙虾的健康。④虾苗放养不合理：虾苗的放养密度过大，不仅会造成小龙虾缺氧，也会减少小龙虾的正常活动空间，降低小龙虾的生长速度和减少其摄食，小龙虾的抵抗力也随之下降，这就为疾病的发生创造了条件。⑤养殖池进排水设计不合理：不合理的进排水系统设计不利于池内残饵和污物的充分排放，容易导致水质恶化和使小龙虾发生疾病。

不同养殖池进排水系统相互连通，没有独立设计，当一个养殖池的小龙虾暴发疾病，会导致水体相互连通的所有养殖池内的小龙虾集体发病。⑥消毒不彻底：投放小龙虾之前，养殖池塘应彻底清塘和消毒；投放小龙虾时，小龙虾入池之前应充分消毒；养殖过程中，应定期对养殖水体消毒；打捞病死鱼、虾的工具等，用后也应消毒。以上这些生产过程如果消毒工作不到位，也会使小龙虾疾病暴发概率大大增加。⑦死虾打捞不及时：养殖池内死亡的小龙虾如果不及时打捞出来，在水温较高的条件下，小龙虾的尸体很快变质，并引起水质恶化和虾病发生。

总之，小龙虾任何疾病的发生都与病原微生物的种类、数量和致病性等因素有关，且往往是多因素共同作用的结果。小龙虾规模化养殖过程中，只有注重病害的预防才能保证小龙虾的健康生长。病害发生后再使用药剂对小龙虾进行补救性治疗，往往治疗效果不好。

第二节　小龙虾常见病害及其防治

一、软壳病

1. 症状与危害　小龙虾在养殖过程中可能出现虾壳变软的情况，大多是由软壳病引起的，壳体发软的小龙虾也因此被称为软壳虾。软壳病小龙虾的虾壳不仅变软，而且变薄，体色变成灰色，活动力大大减弱，生长速度因为食欲减退而下降。小龙虾一旦发生软壳病，不仅会使卖相变得不好，影响销售，降低经济价值，而且抵抗力也会随之下降，导致小龙虾容易感染其他疾病，甚至造成小龙虾的间接死亡。因此，养殖小龙虾的过程中需注意预防软壳病。

2. 病因　发生软壳病的主要原因在于钙缺乏。由于小龙虾虾壳的主要成分是碳酸钙，当小龙虾从食物中摄取的钙不足，或者光照时间短而降低了虾体内钙的转化和利用时，就容易发生软壳病。另外，养殖池底部淤泥过多，以及池内虾苗放养密度过大都可能导致小龙虾发生软壳病。

3. 防治措施　①提高饲料质量：由于维生素 D 可以促进小龙

虾对钙的吸收，起到间接补钙的作用，光照可以促进动物体内维生素D的自然合成，但小龙虾属昼伏夜出的水生动物，白天一般隐藏于水草下面，很少接受阳光照射，故小龙虾依靠阳光合成维生素D受到限制。因此，可以在小龙虾配合饲料中补充维生素D，预防小龙虾出现钙缺乏。养殖过程中也可以适当地给小龙虾投喂一些富含钙元素的饲料，例如大豆。大豆中的蛋白质含量高达40%，脂肪含量为19%左右，同时还含有各种维生素和多种矿物质，如钙、磷、铁等，其中，钙在大豆中的含量高达191 mg/g。由此可见，大豆的营养价值很高。使用大豆作为小龙虾饲料时，通常在常温下用清水将大豆浸泡24 h左右，待大豆变软便可作为小龙虾的辅助饵料投喂给小龙虾。②改善小龙虾养殖环境：对于底部淤泥过多的小龙虾养殖池，应在冬季时进行清淤，并使用生石灰清塘。虾苗放养之后，应每20 d左右使用25 mg/L的生石灰全池泼洒。此外，生石灰也是小龙虾钙的良好来源。③控制合理的放养密度：合理控制小龙虾虾苗的放养密度，并将养殖池内水草总面积控制在池塘总面积的1/3以内，适当增加养殖水体的光照，也可一定程度上预防小龙虾缺钙。

一旦发现小龙虾养殖池内有软壳虾，应立即采取科学的治疗措施。每隔15 d左右可以按照0.25 g/m³的用量全池泼洒消水素，其主要成分为枯草杆菌。也可以给小龙虾连续5~7 d投喂添加了蜕壳素的配合饲料。配合饲料中蜕壳素的适宜添加水平为0.3%~0.5%。将生石灰水泼洒于全池，不仅可以对池水消毒，还具有很好的防治小龙虾软壳病的效果。

总之，在冬季使用生石灰清塘、将小龙虾的养殖密度控制在合理范围内、合理投喂饲料以及适当给小龙虾增投含钙饲料等均是预防小龙虾软壳病的好方法。

二、烂壳病

1. 症状与危害　处于烂壳病感染初期的小龙虾，虾壳上出现灰白色斑点，且斑点呈溃烂状；烂壳病感染中期，小龙虾虾壳上的斑点颜色会由初期的灰白色转变成黑色，并呈严重溃烂状，偶尔可见斑点下陷和出现空洞，此阶段的小龙虾，食欲和活动能力也随着病情的发展而下降；烂壳病感染后期，小龙虾的感染部位由体表深入到体内，严重时直接引起小龙虾死亡，降低小龙虾的养殖效益。

2. 病因　导致小龙虾发生烂壳病的病原主要为致病性细菌，如假单胞菌和气单胞菌等，弧菌、黏细菌和黄杆菌感染也可引发小龙虾烂壳病。

3. 防治措施　小龙虾烂壳病重点在于预防。预防措施主要是消毒和保持养殖池内水质良好。①虾苗放入养殖池之前，需用浓度为 3％的食盐水浸泡虾苗数分钟，对虾体进行消毒。②由于虾体受损会为致病菌的感染创造条件，故在投放虾苗或者对养殖池施药和清残时，动作要轻柔，避免虾体损伤。如果损伤到了虾苗，则应及时对受损虾苗进行消毒处理或及时清除受损虾苗。③水质管理是预防小龙虾烂壳病的重要环节，定期更换池水是保持养殖池水清洁的重要措施。④可以通过改善饲料质量来预防烂壳病，例如可以在拌料时补充具有抗菌和抑菌作用的桉树精油。桉树精油是一种天然的无害的饲料添加剂，具有显著的抗菌和消炎作用，可有效抑制嗜水气单胞菌、弧菌等病原细菌，对小龙虾烂壳病具有很好的预防和治疗效果，可以在小龙虾饲料中长期添加。

发现小龙虾发生烂壳病以后，也可以采取一些方法及时进行治疗。生产中可以使用生石灰化水后全池泼洒，也可以将茶籽饼浸泡好之后全池泼洒，然后在小龙虾饵料中拌入 3％的磺胺甲基嘧啶。总之，小龙虾养殖户如果要避免小龙虾发生烂壳病，应先从虾苗和养殖管理入手，做好日常的预防和管理措施，将小龙虾患烂壳病的概率降至最小，方可有效提高小龙虾产量和养殖效益。

三、灼斑病

1. 症状与危害　小龙虾灼斑病又被称为甲壳溃疡病，在世界各地比较常见。灼斑病危害性比较大，可发生于小龙虾和其他虾类动物的甲壳表面，无论是胸部与背部，还是腹部和尾部，不同部位的甲壳表面均可被灼斑病的致病菌感染。患灼斑病小龙虾的虾壳会出现明显的圆形或近似圆形病斑，病斑的颜色多呈褐色，有的也呈黑色。因为病斑中心的颜色要比周围深，且与被火烫伤有点类似，故此病得名灼斑病。小龙虾蜕壳时，原先的黑化病斑会消失，但是，新生的甲壳上仍会出现缺损。灼斑病常常发生在养殖密度较大、同时养殖设施也比较落后的小龙虾养殖池中，小龙虾的感染率可达85%。严重时，其黑化病斑的直径可达10 mm，常伴有小龙虾的死亡。

2. 病因　灼斑病的病因可以分为直接原因和间接原因两种。①直接原因：小龙虾感染了可以导致灼斑病的病原微生物。导致灼斑病的病原微生物可能是真菌，也可能是细菌。小龙虾灼斑病的病原真菌主要为半知菌亚门，包括螯虾钙皮菌、螯虾柱隔孢菌、细长头孢菌、茄镰刀菌和燕麦镰刀菌这5种。小龙虾灼斑病的病原细菌也有很多种，但研究得比较多的主要为气单胞菌属、假单胞菌属、黏细菌属、柠檬酸杆菌属等。②间接原因：一是养殖环境较差。小龙虾养殖密度越大，养殖水体的水质越差，小龙虾发生灼斑病的概率也就越大。小龙虾的甲壳表面同时存在多种有益和有害微生物，当病原微生物群体数量多于有益微生物时，一旦小龙虾的甲壳受伤，就很可能导致小龙虾灼斑病的发生。二是营养供应不足。长时间缺乏营养，小龙虾可能出现代谢失调，其体质和免疫力便会下降，发生灼斑病的概率就会相应增加。许多研究均已证明，小龙虾的外壳损伤、养殖密度大和环境条件不良是灼斑病的主要引发因素。整体看来，我国养殖的小龙虾仅少量个体发生灼斑病，小龙虾蜕壳期间一般也不容易发生灼斑病。

3. 防治方法　小龙虾灼斑病目前尚无有效的防治方法。但是，通过给小龙虾投喂含有中草药成分的配合饲料，提高小龙虾的免疫力，可以降低灼斑病的发生概率（赵楠，2019b）。

四、黑鳃病

黑鳃病，有时也称为烂鳃病，在不同规格的小龙虾中，以10 g

以上的小龙虾发病较多。该病的发生与环境温度有关，水温未达到
15 ℃时，小龙虾一般不会发病。黑鳃病盛行的水温条件为 15～30 ℃，
温度越高，黑鳃病的传播也越快，流行高峰期多在炎热的 6—7 月
（赵楠等，2019c）。小龙虾一旦患上黑鳃病，不仅影响其卖相，还
会导致小龙虾死亡而给小龙虾养殖造成极大损失。

1. 症状与危害　小龙虾感染黑鳃病后，其症状随感染阶段的
不同而有变化。发病前期，小龙虾的鳃部颜色由正常微红色转变成
褐色；随着感染的继续发展，鳃部颜色又由褐色逐渐转变成黑色。
黑鳃病发生期间，患病幼虾因活动能力大幅减弱而卧于池底，爬行
缓慢，体色慢慢变白，不再爬进洞穴，逐渐停止摄食。黑鳃病对小
龙虾的主要危害在于影响鳃的呼吸。一旦感染黑鳃病，小龙虾的鳃
内外均可布满致病菌菌丝，鳃的毛细血管受致病菌菌丝的影响而无
法流通血液，于是鳃出现缺氧。长时间的缺氧，最终使鳃的外观、
形态和功能发生不可逆损伤，主要表现为鳃变黑，鳃组织萎缩和坏
死，渐渐失去气体交换功能。最后，小龙虾因缺氧和呼吸功能受阻
而死亡。感染此病以后，许多小龙虾会本能地上浮于水面，或者爬
到水草上面。一旦发现小龙虾出现以上这些症状，要立即引起
注意。

2. 病因　小龙虾黑鳃病系真菌感染所致。该病的主要致病真
菌为镰刀菌属，故该病又被称为镰刀菌病。已发现有 5 种镰刀菌可
引起小龙虾黑鳃病，分别为茄镰刀菌、烟镰刀菌、尖孢镰刀菌、肉
红色镰刀菌和串珠镰刀菌（赵楠等，2019a），其中，茄镰刀菌和尖
孢镰刀菌的分布最广。这些真菌除了可以感染小龙虾以外，还可感
染其他虾类引发黑鳃病。镰刀菌对小龙虾的毒害作用主要通过其分
泌的镰刀菌毒素来实现。

根据生产经验，养殖水体水质的恶化是小龙虾发生黑鳃病的主
要原因。随养殖周期的增加，小龙虾养殖池塘底质中的有机碎屑增
多。有机碎屑一方面可随着小龙虾的呼吸黏附在鳃丝上，另一方面
可为致病性镰刀菌的增殖创造条件。水质恶化的池水中，致病性镰
刀菌会快速繁殖。致病性镰刀菌既可形成孢子散落于池水中，又可

黏附在虾壳和虾鳃，进一步生长出新的菌丝，并加剧水体恶化。随着有机碎屑在虾鳃上附着量的增多，以及虾鳃受镰刀菌等真菌感染程度的增强，虾鳃的颜色会逐渐变黑，并影响其正常的呼吸功能。总之，水质恶化的养殖水体中，存在大量致病性镰刀菌，它们寄生于小龙虾鳃丝和外壳上等，导致小龙虾行动不便而活动缓慢，直至死亡。

饲料投喂不合理是导致小龙虾发生黑鳃病的另一原因。投喂被镰刀菌污染的饲料，以及因饲料投喂量不足导致的营养缺乏，均可导致小龙虾发生黑鳃病。按化学结构和毒性，可将镰刀菌毒素分为四大类，分别为玉米赤霉烯酮、丁烯酸内酯、单端孢霉烯族化合物和串珠镰刀菌素，其中，单端孢霉素类性质很稳定，200 ℃及以上的高温才能破坏其结构。因此，饲料原料被镰刀菌毒素污染后，常规的饲料加工工艺很难将其除去，而且污染越严重的饲料，所含的镰刀菌毒素就越多。因此，生产实践中应注意饲料原料和配合饲料的贮藏。镰刀菌也可以分泌 T-2 毒素，该毒素会造成动物体白细胞减少症和造血系统功能减退。镰刀菌属中的茄镰刀菌产生的外毒素还可导致小龙虾出现明显的病理表现。

3. 防治方法 由于致病性镰刀菌感染小龙虾的途径主要为直接接触感染，因此在小龙虾鳃部发生损伤时，致病性镰刀菌更容易感染虾体。小龙虾黑鳃病防治同样遵循防重于治的原则。预防方法如下：一是在小龙虾运输过程中要注意避免损伤虾体。虾苗放养前可按照每 667 m^2 6 kg 的用量，连续使用 2 次生石灰，对养殖池进行彻底消毒，两次消毒的间隔时间为 7～15 d。虾苗的放养密度要适宜。二是小龙虾养殖期间要注意养殖管理。例如饵料投喂要均匀、足量和及时，尽量不要投料过多，以免造成有机物质腐烂而污染水质；因维生素 C 具有增强动物机体抗应激能力和免疫力的作用，因此在饲料中添加维生素 C 或投喂富含维生素 C 的青绿饲料，也有助于预防小龙虾疾病的发生；要定期更换池水和使用消毒药物对池水进行消毒；及时打捞养殖池中的残饵，定期清塘和晒塘，经常加注新水，均有益于保持池塘的水质清新；养殖过程中还要注意关注池水的氧气含量，发现池水溶解氧不足时应及时增氧；另外，按照 600～700 g/m³ 的用量全塘泼洒漂白粉，或者在饵料投饲区及水质污染严重的区域泼洒菌毒净、亚甲基蓝和土霉素，或者使用聚维酮碘、二氧化氯、二溴海因以及高锰酸钾等化学药物全池泼洒，对水体消毒，各种药物的使用量根据水体污染程度和推荐剂量来定。以上方法均可以很好地预防小龙虾出现黑鳃病。如果发现黑鳃病虾，可将病虾打捞上来，放入 5％ 的食盐水中浸泡 3 次左右，每次浸泡约 5 min，以便对病虾进行消毒。

五、纤毛虫病

小龙虾的纤毛虫病主要由喜欢固着于小龙虾体表的固着类纤毛虫引起。引起纤毛虫病的寄生虫种类繁多，常见的有钟形虫、累枝虫、斜管虫、聚缩虫、钟形虫和单缩虫等。这些寄生虫可成群地附着于小龙虾体表各处，包括头部，尤其是眼部和鳃部，以及附肢等部位。纤毛虫有时也附着于受精卵表面。虽然纤毛虫与小龙虾疾病发生有关，但在野生环境下由纤毛虫引起的疾病并不被认为是严重的问题。

1. 症状与危害　该病的典型症状为小龙虾被绒毛状或白色絮状物所覆盖。虾体表面的覆盖物大多由纤毛虫寄生于小龙虾身体各处而引起，这些污浊物一旦覆盖小龙虾的鳃，会严重干扰小龙虾的呼吸功能，使得小龙虾的食欲也随之减退，最后，小龙虾大多因为无法正常呼吸而出现死亡。其中，梨形四膜虫是一种由大约 30 种全息纤毛虫组成的复合体，条件适宜时可感染小龙虾。从组织学角度看，被梨形四膜虫感染的小龙虾的血腔和鳃组织中可见大量纤毛虫，其依靠纤毛的迅速移动而损坏鳃组织。

2. 病因　该病多发生于水体环境恶劣的小龙虾养殖池塘中，引起纤毛虫病的各种寄生虫会随着养殖池水的恶化而迅速繁殖。纤毛虫不仅可以布满小龙虾的体表、附肢和鳃，还可通过体表创口进入血腔，因此，纤毛虫也常见于小龙虾大多数组织的血腔中，依靠血细胞而存活。因纤毛虫病引起的小龙虾死亡，通常发生在水质较差和温度升高等条件下。小龙虾养殖密度过高，也会增加纤毛虫所引发的疾病风险。

3. 防治方法 在小龙虾的养殖过程中，定期给池塘清污和消毒，保持养殖池水水质良好，是预防纤毛虫病的重要方法。发现纤毛虫病以后，要立即大量更换池水，以减少固着类纤毛虫的数量。同时，结合以下方法治疗。①按照 20～30 mg/L 的用量将生石灰化水后泼洒于全池，连续泼洒 2～3 次，将养殖池的水体透明度提高到 40 cm 以上。②按照 0.7 mg/L 的量分别配制硫酸铜和硫酸亚铁溶液，然后再将硫酸铜和硫酸亚铁溶液按照 5∶2 比例配制成混合溶液，最后将混合液泼洒于整个虾塘。③按照 0.5 mg/L 的用量，将除藻剂螯合铜泼洒于小龙虾养殖池，处理时间约为 3 h。④将四烷基季铵盐络合碘按照 0.3 mg/L 的用量均匀地泼洒于整个虾池。

六、烂尾病

烂尾病为小龙虾的常见疾病，该病的发生和流行受温度影响较大。当水温为 12～18 ℃ 时，该病发生的概率较大，且小龙虾对烂尾病的感染率一般随着水温的增加而升高。小龙虾烂尾病的传染速度较快，传播的范围也很广。小龙虾的养殖管理环节很重要，发现烂尾小龙虾以后，应立即将病虾捕捉出来，以便于与其他健康小龙虾隔离开来，条件允许时，还可设置专门的病虾隔离池。

1. 症状与危害 烂尾小龙虾的症状随病程的发展而变化。发生烂尾病的初期，小龙虾的尾部有的出现水泡，有的边缘溃烂、坏死，还有一些小龙虾出现尾部残缺不全的现象；随着病情的发展，烂尾病逐渐加重，尾部溃烂的面积逐渐变大，可由边缘向中间扩散；如果不及时采取干预措施，烂尾病发展到后期时，小龙虾的整个尾部会因为坏死而脱落，小龙虾也最终死亡。

2. 病因 引起烂尾病的直接原因主要为各种致病性微生物感染，分解几丁质的细菌便是其中之一。当小龙虾体表遭受机械性或化学性损伤时，其感染烂尾病的风险相比健康小龙虾会大大增加。

机械性损伤主要发生在小龙虾因抢食而相互打斗过程中。此外，小龙虾的捕捞过程中，若捕捞速度过快、捕捞设备太粗糙、捕捞动作过猛等，也可能导致小龙虾体表受伤。一旦小龙虾体表出现创口，各种病菌便会趁机而入，最终使小龙虾感染疾病。

3. 防治方法　首先，在运输、投放和捕捞小龙虾的过程中，要尽量小心操作，避免损伤体表和弄伤小龙虾；其次，在投喂饲料的时候，量要充足，而且要将饲料均匀投喂，避免因为饲料投喂不足和饲料投喂过于集中而出现小龙虾因抢夺食物而相互打斗和残杀的现象。如果小龙虾已经受伤感染，出现了烂尾的症状，可以按照 $15\sim20$ mg/L 的用量使用茶籽饼浸泡液全池泼洒；或按照 1.2 g/L 的用量，将强氯精等泼洒于全池；也可以用 $0.2\sim0.3$ mg/L 的高锰酸钾、7 mg/L 的甲基蓝或 1 mg/L 的漂白粉进行泼洒消毒。根据病情决定消毒周期，一般每周消毒 1 次，严重的时候可以连续多天进行隔日消毒。坚持预防和治疗结合的原则，以预防为主，就能有效避免小龙虾发生烂尾病。

七、肠炎

每年 5 月，随着气温的迅速上升，我国一些地方出现连续阴雨天气，若 5 月之前存在不合理的管理和饲料投喂，则将导致小龙虾养殖池塘中有害细菌等大量滋生和繁殖，进而使一些小龙虾疾病集中暴发，其中便包括肠炎。

1. 症状与危害　刚发生肠炎的小龙虾，由于肠炎引起的高蛋白饲料消化不良，其肠道可能出现积食，小龙虾的生长速度也因此减慢。病情恶化之后的肠道会逐渐出现细菌感染和炎症，使肠道发红和肿胀，同时肠道壁也相应地变薄。肠炎小龙虾的解剖症状表现为：小龙虾空肠段出现断节，并伴有肠出血，由于小龙虾血液中的血蓝细胞，其出血颜色表现为蓝色；肝脏发白；粪便变稀且呈淡黄色的黏液状；石蜡切片镜检可见小龙虾肠道黏膜脱落。发病小龙虾活力下降，上岸之后表现为爬边无力，即使受到刺激也不躲避。小龙虾养殖池中一旦发现肠炎，应及时处理，否则会感染整个池塘的小龙虾，最终引起小龙虾的大量死亡。发生肠炎的小龙虾多以上市规格的大虾为主。

2. 病因 造成小龙虾肠炎发生的原因主要是养殖水体环境恶化。小龙虾及其他水生动物排泄的粪便、投入水体中没有被利用的残余饵料、泼洒或施入池中的肥料以及部分已经死亡但未被及时发现和打捞出来的水生动物尸体等为弧菌等有害细菌的生长和繁殖提供了良好的营养来源，这些有害微生物在分解和利用有机物的同时也产生大量的氨氮和亚硝态氮，同时降低水体溶解氧量。这些含氮物质引起小龙虾应激，增加了肠炎的发生和小龙虾的死亡概率；缺氧水体引起小龙虾体质下降，摄食量和免疫力下降；小龙虾摄食腐烂食物之后也会引发肠炎；放养虾苗时，没有对虾苗进行消毒和泡苗处理便直接集中投放也是造成肠炎的原因之一。

3. 防治方法 小龙虾肠炎也应预防重于治疗，防治的总体原则为"预防为主、防治结合"。与小龙虾的其他疾病类似，水质恶化也是肠炎发生的重要原因，因此，预防小龙虾肠炎，应把重点工作放在养殖管理上，主要包括池水、底质和饵料管理。保持池塘良好的水质条件和底质环境，是防治小龙虾肠炎的主体思路，可以定期将富含益生菌的发酵液泼洒于全池。除了注意管理好池塘水质和底质外，饵料管理也不可忽视。给小龙虾补充微量元素，可以改善或增强小龙虾的体质，预防多种疾病的发生。预防小龙虾肠炎的发生，还可在小龙虾饲料中添加胆汁酸。胆汁酸一则可以维持小龙虾健康的肠道微生态环境；二则可以结合或分解小龙虾肠道内的一些内毒素，减少内毒素对小龙虾肠道的危害，以此到达预防肠炎的目的。

观察到肠炎小龙虾时，可根据发病情况采取下列一种或几种措施进行治疗。①养殖水体消毒：例如，使用中药碘制剂对小龙虾养殖池水进行消毒，常用的方法为将聚维酮碘与五黄精华液复合制成的中药碘制剂，于晴天的上午泼洒于小龙虾养殖池，对养殖水体进行消毒和杀菌。其中，五黄精华液由五种中药的提取液构成，这五种中药分别为黄连、黄芩、黄柏、大黄和黄芪。②改底处理：每隔

10 d 左右，使用市售的改底产品对养殖池进行改底处理。常用的改底产品包括除臭可利康和粒粒净 2 号等，且联合使用的效果一般优于单一产品的使用效果。③内服治疗：主要指通过投喂药饵来治疗小龙虾肠炎。例如，可定期将一些功能性物质拌料后投喂给小龙虾，较常用的功能性物质包括健肝的肝胆利康散，以及改善肠道菌群和改善肠道功能的先得乳酸菌等。

八、出血病

1. 症状与危害　患出血病小龙虾的典型症状为体表布满出血点，尤其附肢和腹部最为明显，且出血点大小不一。出血病小龙虾的虾壳与肌肉结合不紧密，容易被剥离。病虾同时伴有肛门红肿现象。出血病的发病比较迅急，发病率也较高。与小龙虾其他细菌性疾病不同的是，小龙虾一旦染上了出血病，如果没有及时采取措施进行治疗，小龙虾会很快死亡。出血病病害较为严重，小龙虾养殖过程中应引起高度重视。

2. 病因　小龙虾出血病是一种细菌性疾病，主要由气单胞菌感染所致。

3. 防治方法　对于这种由于细菌侵害而导致的疾病，保持水质清洁是预防疾病发生的主要措施和重要手段。为了预防出血病，在日常的养殖管理过程中，首先应做好养殖水体的消毒工作，可以每半个月左右施入适宜浓度的生石灰水，也可以通过定期更换一定水位的养殖池水来保持水质清新。为了维持正常水色与透明度，还要避免过量投喂饲料，做到及时清除池内残饵和池中腐败物，冬季也要适时清淤晒塘。对于已经发病的小龙虾则可以采取下列方法来治疗。第 1、2、3 天分别泼洒富含有机酸的碧水安、富含活性钙的钙世神功、富含聚维酮碘的碘霸，或由黄芪、大黄、黄芩、黄连、黄柏五种中药与植物蛋白、生物活性小肽和有机矿物质等复配而成的五黄金粉以及杀菌剂菌毒双杀。同时，连续服内服恩诺沙星、肝胆金粉、水产多维、五黄金粉等 5～7 d。其中，肝胆金粉由黄芩、龙胆草、泽泻、栀子几种中药和产朊假丝酵母蛋白构成。还可以按照每 667 m^2 10 kg 的量使用生石灰化水后泼洒于全池，同时在饲料中按照 1.3 g/kg 的量添加盐酸环丙沙星，连续投喂 5 d。

九、白斑综合征

白斑综合征俗称白斑病。2006 年，我国人工养殖的小龙虾曾因感染白斑综合征而出现了全部死亡的现象，后来发现该病主要由白斑综合征病毒（WSSV）引起，可在养殖的小龙虾中广泛流行，并导致小龙虾大量死亡。在养殖的小龙虾中，有一种被养殖户称为"黑五月"的疾病，因其发病和死亡高峰期是每年 5 月左右，故又被称为"五月瘟"，该病的病原体也被认为是 WSSV。WSSV 分布广泛，毒性和致病性均很强，可感染的宿主也很多。截至目前，WSSV 的宿主包括 98 种十足类和非十足类动物。WSSV 每年都会给小龙虾养殖业造成很大经济损失。一般情况下，WSSV 会在小龙虾体内寄生，但只有当小龙虾长时间处于溶解氧不足的情况，且其体质逐步变弱以后，WSSV 的毒害作用才会体现出来。这表明，WSSV 引起小龙虾出现白斑综合征与养殖水体的水质有极大的关系，水质好时小龙虾即使感染了 WSSV 也较少发病，有的甚至不发病。

1. 症状与危害　WSSV 是甲壳动物养殖过程中最危险的病原体之一，WSSV 所致的白斑病因此成为全球甲壳动物养殖业面临的最严重的疾病威胁之一。感染了 WSSV 的小龙虾，甲壳上可见明显的白斑。此外，患病小龙虾的活力大幅下降，行动变得异常迟缓，即使被人触碰都不会逃跑。由于 WSSV 的毒力很强，小龙虾从出现明显的白斑症状到死亡，只需短短的 3～5 d，甚至更短时间。小龙虾一旦感染白斑病，目前几乎无药可治。

白斑病多发于 20～28 ℃水温条件下，即该病的流行与水温存在一定的关系。WSSV 往往最先感染规格偏大的成虾。小龙虾的摄食量会因其肠道和肝脏感染 WSSV 而变低，摄食速度明显减慢，这会严重降低小龙虾的生长速度和免疫力。研究表明，肠道微生物群与感染 WSSV 小龙虾的健康状况密切相关。严重感染 WSSV 的患病小龙虾的肠道微生物群出现失调，肠道菌群丰富度和多样性显著降低，表现为肠道中气单胞菌属和柠檬酸杆菌属显著增加，而库特氏菌属和不动杆菌属显著减少（CHEN 等，2019；XUE 等，2022）。WSSV 感染除了影响小龙虾肠道微生物群结构外，还影响肠道和肝胰腺的形态。与健康小龙虾相比，感染 WSSV 的小龙虾的肠道组织形态变差，肠壁变薄，肠绒毛变短。健康小龙虾的肝胰腺小管完整，而感染 WSSV 的小龙虾肝胰腺管腔区域出现血细胞浸润，同时出现组织脱落和坏死（XUE 等，2022）。这表明，WSSV 感染可能通过引起肠绒毛和肝胰腺损伤，进而影响小龙虾肠道菌群结构。

小龙虾的体质也会因感染 WSSV 而显著下降，抗应激能力变差，有时一场大雨便可导致患白斑综合征的小龙虾大面积死亡。随后，WSSV 逐渐由成虾扩散到中虾和幼虾，并在其甲壳上沉淀而出现白斑。传统上，白斑病给小龙虾养殖业造成的年度损失约相当于全球虾产量的 1/10。WSSV 也是水疱病的病原体，通常会导致虾在 3～10 d 内迅速死亡，死亡率高达 100％。此外，WSSV 还可诱导感染对虾细胞凋亡和氧化应激。

2. 病因　绝大多数研究者认为小龙虾白斑综合征的病原是WSSV。该病毒是一种有囊膜但无包涵体的杆状双链环状 DNA 病毒。WSSV 粒子长约 300 nm，直径 65～70 nm。小龙虾体内几乎所有的组织均可感染此病毒，但感染最重的组织是鳃，即鳃是WSSV 的主要靶器官。WSSV 主要危害虾和蟹，小龙虾作为我国重要的养殖甲壳动物，其白斑综合征目前还没有商用药物来控制。

据报道，长江中下游南美白对虾 WSSV 阳性率在 6—8 月连续上升并达到高峰。WSSV 感染小龙虾的最适水温为 27～28 ℃，这与该地区 6—8 月的水温一致。其他报道表明，WSSV 感染小龙虾的最佳水温为 25～30 ℃（Jiang 等，2019；Moser 等，2012），但小龙虾"黑五月"病的发生时间是 4 月底至 5 月初，此时长江中下游水域和池塘的水温仅为 15～20 ℃，明显低于 WSSV 感染的最佳水温。有学者对暴发"黑五月"病的小龙虾养殖池塘进行了两次抽样测试，结果表明，除了发现白斑综合征病毒之外，还发现了一种新的迪西特罗样病毒（Dicistro-like virus，PcDV）。基因组序列分析表明，这种新病毒属于小核糖核酸目双孢病毒科。借助电子显微镜，有研究者在患有"黑五月"病的小龙虾的鳃组织中观察和检测到大量球形颗粒，这一发现与基因组序列分析的结果一致。Huang 等（2020）从 2018 年 10 月到 2019 年 9 月每月从湖北、江苏和安徽采集小龙虾样本，并检测小龙虾样本中是否存在 PcDV 和 WSSV。结果显示，小龙虾的 PcDV 检出率在 4—6 月达到峰值，与"黑五月"病的发病高峰高度一致，然而，WSSV 的阳性率与"黑五月"病的季节性发生却并没有明显的正趋同。这些结果表明，小龙虾的"黑五月"病可能不仅仅由 WSSV 引起。PcDV 作为一种新发现的小 RNA 病毒，主要存在于水生经济甲壳类中，有关 PcDV 的这些发现将为小龙虾"黑五月"病的研究提供新的方向。

3. 防治方法

（1）预防方法　白斑综合征在甲壳动物产业中造成了极高的死亡率和巨大的经济损失，但截至目前，还没有商用药物可以控制该病，生产上，只能尽量做好预防工作。

① 选择健康无病的苗种：选择健康无病的小龙虾亲虾或虾苗作为养殖对象，是防控白斑综合征的基础。感染了 WSSV 的亲虾，产出的卵和培育的小龙虾幼体感染 WSSV 的风险极高。选择小龙虾虾苗时，应首选活力很充沛的、体表很完整的、健康正常的、最好有检验检疫证明的苗种。切忌从白斑综合征疫区选购亲虾或虾苗。放养亲虾或虾苗之前，还要进行严格检疫，确保 WSSV 等病原生物不被带入养殖池中。

② 控制好苗种放养密度：预防小龙虾白斑综合征还应注意控制好小龙虾苗种的放养密度。养殖密度过大，虾体之间因养殖空间相对较小而容易相互刺伤，给病原的入侵创造机会。养殖密度过大，饲料投喂量也相应增加，养殖池中的排泄物和残饵等有机物也随之增多。这些有机物在分解和转化过程中会产生大量氨氮、亚硝态氮和硫化氢等，同时消耗养殖水体中的大量溶解氧，导致水质恶化。恶化的水质会降低小龙虾的体质和免疫力，增加各种疾病的发

病风险。因此，在放养亲虾或苗种时，应控制好放养密度，不要盲目地追求高密度。

③ 科学投喂饲料。养殖小龙虾的过程中，建议投喂蛋白质含量高的饲料，充足的蛋白质有助于增强小龙虾的体质和提高小龙虾的免疫力，饲料的投喂量也要充足。如果投喂的饲料蛋白质含量很低、质量很差、总量也过少，一方面很容易导致小龙虾的免疫力下降，另一方面也容易造成小龙虾因抢夺饲料而相互打斗，从而造成体表损伤，增加感染 WSSV 和其他病原的风险。

④ 加强消毒管理。首先，苗种或亲虾在投放之前，养殖池塘应进行彻底的清塘和消毒，以杀灭养殖池中的 WSSV 及其他病原生物。常用的消毒方法为使用生石灰或者茶粕，掺水后泼洒于全池，还可以定期使用微生物制剂，如光合细菌、EM 菌等调节养殖池的水体环境。此外，养殖过程要用到的工具和器皿，也有必要定期消毒和杀菌。为切断 WSSV 等病原的传播途径，养殖区域还应尽可能避免闲杂人员进入，养殖人员自身在作业之前也要提前做好清洁和消毒工作。在白斑综合征流行季节，应每天观察虾池，发现小龙虾活动、吃食和体色异常时应及时捕捞病虾进行检测。确诊或疑似 WSSV 感染时要严禁排水以防止病毒在养殖池之间互相传播和蔓延。如果确诊为 WSSV 感染，应将养殖池内的小龙虾全部捕起，并彻底清塘和消毒。感染 WSSV 致死的小龙虾应及时捞出，并进行无害化处理，如掩埋和焚毁等。

（2）治疗方法　对于已经染病的小龙虾，找到一种抗病毒药物来对抗高度致命的 WSSV 暴发具有十分重要的意义。然而，到目前为止，WSSV 尚未得到完全控制。药用植物富含多种次生代谢物，由于含有不同的生物活性成分，如葡萄糖苷、皂苷、黄酮、生物碱和多酚，因此具有抗应激、抗凋亡、抗菌和抗病毒等多种功能（Palanikumar 等，2018），已被广泛用作养殖类动物抗病毒药物。此外，药用植物通常比较便宜和也相对更安全，更容易被人们所接受。已发现黄栀提取物具有抗氧化活性，并在体内外对单纯疱疹病毒-1、副流感病毒-1 和 H1N1 具有抗病毒活性；蓟罂粟乙酸乙酯提取物可刺激凡纳滨对虾的免疫系统，抑制 WSSV 病毒增殖。

将刺五加、延胡索、大狼毒、栀子、龙胆草、鱼腥草、旋覆花、半边莲、枸杞、巴戟天、虎杖、夏枯草、白头翁、茜草、鞭草等多种药用植物提取物分别肌肉注射给 WSSV 小龙虾，发现黄栀提取物对 WSSV 复制的抑制率最高，且其对 WSSV 的抑制率与黄栀提取物的使用量呈正相关，具体地，随着黄栀提取物肌肉注射剂量由 0、12.5、25.0、50.0 mg/kg 逐渐上升至 100.0 mg/kg，WSSV 抑制率由 0 逐渐提高为 92.31%（HUANG 等，2019）。黄栀提取物通过抑制 WSSV 复制来提高被 WSSV 感染的小龙虾的存活率，这为利用黄栀提取物对抗 WSSV 提供了科学依据。小龙虾经黄栀提取物处理后，体内一些抗氧化剂和细胞凋亡因子的表达显著增加，表明黄栀提取物可以调节小龙虾的凋亡相关因子并具有抗氧化活性。这可能与黄栀含有多种化学成分，如环烯醚萜葡萄糖苷、环烯醚萜、三萜、有机酸和挥发性化合物等有关。

壳聚糖纳米颗粒也可以提高 WSSV 小龙虾的存活率（SUN 等，2016）。与饲料中未添加壳聚糖纳米颗粒的 WSSV 小龙虾 100%死亡率相比，投喂添加 10 mg/g 壳聚糖纳米粒的饲料的小龙虾显示出更高的存活率，其死亡率下降至 65%。进一步研究表明，壳聚糖纳米粒可以抑制小龙虾体内 WSSV 的复制，从而有效提高小龙虾抵抗 WSSV 的先天免疫力和存活率。

总体来看，人工养殖小龙虾发生的病害主要为病毒性、细菌性及寄生虫性疾病。其中，小龙虾病毒性疾病以白斑综合征的致死率较高；气单胞菌属细菌引起的疾病则为小龙虾细菌性疾病的典型代表；小龙虾的主要寄生虫有固着类纤毛虫、孢子虫等，以固着类纤毛虫最为普遍。通常情况下，小龙虾寄生虫病不像病毒病和细菌病那样呈现群体发病，其主要危害在于引起病毒或细菌的继发感染。

第八章　小龙虾及其副产物的加工与利用

第一节　小龙虾肌肉的营养价值

一、概述

从整个虾体的角度看，小龙虾的营养特性为蛋白质含量较高，钙、磷、铁、锌等矿物质含量丰富，脂肪和胆固醇含量很低。随着经济的发展，我国居民的生活水平有了大幅提高，消费观念也随之发生了较大转变，对食品质量的要求日益提高，消费者对小龙虾肌肉的口感、营养及安全等越来越重视。目前，关于小龙虾营养成分的研究较多，主要侧重于不同养殖模式与生长阶段对小龙虾肌肉中水分、粗蛋白质、粗脂肪、粗灰分等概略营养成分，以及氨基酸、脂肪酸和各种矿物质等纯养分含量的影响方面。

二、小龙虾肌肉营养成分含量

1. 概略营养成分含量　多年来，国际上通常沿用由德国人Hanneberg 和 Stohmann 提出的概略营养成分分析方案来分析饲料和食品中的几种概略营养成分。该方案于 1864 年提出，并将饲料与食品中的营养成分分成水分、粗灰分、粗蛋白质、粗脂肪或乙醚浸出物、粗纤维和无氮浸出物六大类。国内外有关小龙虾几种概略营养成分含量的研究结果见表 8-1。小龙虾虾肉属于典型的高蛋白质和低脂肪水产品，其蛋白质含量一般高于大多数鱼类和蟹类。小龙虾整虾概略营养成分含量受养殖模式、养殖水体与池塘底质环境、个体生长阶段以及食物丰度等的影响。

表 8 - 1　小龙虾肌肉中几种概略营养成分的含量（鲜样基础，%）

营养成分	国外文献数据	国内文献数据
水分	69.63～79.43	67.67～81.34
粗蛋白质	16.75～19.91	16.36～21.02
粗脂肪	2.15～8.90	0.10～3.73
粗灰分	1.25～1.69	1.20～2.22

2. 矿物质含量　小龙虾肌肉中含有人体必需的多种矿物质（表 8 - 2），如钠（Na）、钾（K）、钙（Ca）、磷（P）、镁（Mg）、铁（Fe）、铜（Cu）、锌（Zn）及微量的硒（Se）等。虾肉中的常量元素包括 Na、K、Ca、P、Mg 等，其中含量最高的为 K；微量元素包括 Fe、Zn、Mn、Cu、Se，其中 Se 的含量最少。多个地区的养殖小龙虾的检测结果表明，养殖小龙虾肌肉中的重金属，如铅、铬、镉等含量均未超出我国相关食品安全标准的范围。经常摄入小龙虾虾肉，有利于保持人体神经细胞与肌肉细胞的兴奋性。

表 8 - 2　小龙虾肌肉中 13 种矿物质含量（mg，每 100 g 中）

（杨希妍等，2022）

矿物质	含量范围	矿物质	含量范围
钠	75.72～308	钾	389.7～2 040
钙	12.55～89.6	磷	283.79～1 370
镁	28.25～151	铁	0.43～3.84
锌	1.12～7.17	锰	0.15～5.44
铜	0.39～2.44	硒	0.08 以下
铅	0.002～0.15	铬	0.0～0.09
镉	0.003～0.09		

3. 氨基酸含量　小龙虾虾肉中蛋白质的质量要优于普通畜肉类，表现为氨基酸的组成较好，含有婴幼儿和成年人所需的全部必需氨基酸，且必需氨基酸与非必需氨基酸的比例，以及各种必需氨

基酸之间的比例均比较均衡（表 8 - 3）。小龙虾肌肉的鲜美程度主
要取决于肌肉中鲜味氨基酸的含量。虾肉中呈味氨基酸有很多种，
但与鲜、甜味有关的主要有四种，分别为丙氨酸、甘氨酸、谷氨
酸、天冬氨酸。其中，谷氨酸和天冬氨酸为鲜味氨基酸，且谷氨酸
的鲜味比天冬氨酸强；甘氨酸和丙氨酸则为甜味氨基酸，两者的甜
味均较强。不同种类的淡水养殖虾，以及不同水域养殖的小龙虾，
肌肉的味道有区别。洞庭湖小龙虾肌肉中鲜味氨基酸的总含量达到
了 5.98%，略低于青虾的 7.66%（李林春，2005）、东北螯虾的
6.05%（丁建英等，2010）以及罗氏沼虾的 5.99%（姚根娣，
2005）。洞庭湖小龙虾肌肉鲜味氨基酸中谷氨酸的含量高达
2.67%，明显高于罗氏沼虾的谷氨酸含量（0.97%），也高于海水
鲷科鱼类（张纹等，2001）、长江刀鲚（闻海波等，2008）、黄鳝
（钱辉跃等，2004）等部分名贵水产品，这可能是虾类鲜味高于鱼
类的重要原因。不同产地的小龙虾因为生活环境及食物丰度和种类
不同，虾肉中氨基酸总量、必需氨基酸总量以及鲜味氨基酸总量等
均存在一定的差异。

表 8 - 3 小龙虾肌肉中氨基酸含量

氨基酸	鲜样（%）	干样（%）
天冬氨酸	1.10～2.03	7.89～9.73
苏氨酸	0.56～1.10	2.65～3.26
丝氨酸	0.44～0.79	2.58～3.45
谷氨酸	1.01～3.01	12.50～16.36
甘氨酸	0.48～1.10	3.00～4.01
丙氨酸	0.75～2.89	4.02～4.92
半胱氨酸	0.04～0.47	—
缬氨酸	0.21～0.91	3.57～4.04
异亮氨酸	0.31～0.97	3.41～4.12
亮氨酸	0.58～1.78	6.05～7.37
酪氨酸	0.38～1.47	2.34～3.00

（续）

氨基酸	鲜样（%）	干样（%）
苯丙氨酸	0.53～1.07	3.05～3.50
赖氨酸	0.62～1.73	6.21～6.76
组氨酸	0.23～1.20	1.76～2.56
精氨酸	0.29～2.09	8.01～10.60
脯氨酸	0.37～0.73	2.41～2.61
蛋氨酸	0.31～0.59	1.96～2.60
TAA	12.74～20.70	75.28～81.80
EAA	5.44～7.77	27.58～30.07
DAA	5.98～9.18	32.83～33.59
NEAA	6.35～11.65	47.70～52.37
EAA/TAA	33.91～52.39	35.54～38.37
DAA/TAA	44.10～44.85	37.86～41.06
EAA/NEAA	66.06～110.03	55.14～58.15

注：TAA、EAA、NEAA、DAA 分别为氨基酸总量、必需氨基酸总量、非必需氨基酸总量和鲜味氨基酸总量。

4. 脂肪酸含量 相比畜肉、禽肉、青虾肉及对虾肉等，小龙虾虾肉的总脂肪含量要低得多，且小龙虾虾肉中不饱和脂肪酸的含量较高（表8-4）。不饱和脂肪酸对人体血管和免疫具有重要的保健作用。此外，小龙虾的头胸部、螯、虾壳和虾肉在脂类含量与组成特性方面，以头胸部的总脂肪含量最高，达到了2.61%，且总脂中甘油三酯、磷脂、糖脂的含量分别为72.85%、16.52%和10.63%（王文倩等，2018）；螯、虾壳和虾肉中总脂含量为0.45%～0.70%，且脂类组成均以磷脂含量最高，其次为糖脂，中性脂肪含量最少。小龙虾四个部位的磷脂占总脂的60%以上，且磷脂的组成也基本相同，均由鞘磷脂、心磷脂、磷脂酸，以及溶血磷脂酰胆碱、磷脂酰胆碱、磷脂酰乙醇胺等组成。其中，磷脂酰胆碱、磷脂酰乙醇胺和鞘磷脂的相对含量明显高于其他种类的磷脂。小龙虾各部位脂肪酸中多不饱和脂肪酸的含量在 40% 以上，且主要为二十碳四烯酸（ARA）和二十碳五烯酸（EPA）。

表 8-4　小龙虾肌肉中脂肪酸含量

脂肪酸种类	鲜样（%）	干样（%）
C12：0	0.03～0.21	0.13～0.19
C13：0	0.01～0.39	—
C14：0	0.34～0.73	0.33～0.96
C15：0	0.38～1.17	0.64～8.37
C15：1	0.30～0.48	—
C16：0	12.01～19.33	13.90～18.31
C16：1n-7	1.72～3.46	2.77～3.88
C17：0	0.47～1.29	0.68～8.8
C17：1n-7	0.25～0.43	0.53～1.35
C18：0	6.61～9.51	5.75～11.10
C18：1n-7	—	2.53～3.21
C18：1n-9	19.20～25.40	14.20～36.74
C18：2n-6	7.89～17.90	7.52～21.12
C18：3n-3	2.80～4.08	0.34～1.17
C20：0	0.12～1.13	0.25～0.92
C20：1	0.58～7.22	2.59～7.73
C20：2	1.01～1.34	0.91～1.33
C20：2n-6		0.75～1.14
C20：3n-3	0.37～0.55	—
C20：3n-6	0.19～0.73	0.26～0.73
C20：4n-6	4.32～13.25	5.04～11.90

（续）

脂肪酸种类	鲜样（%）	干样（%）
C20：5n-3（EPA）	12.37～14.50	0.16～15.17
C21：0	0.17～0.27	0.22～0.28
C22：0	0.58～1.03	—
C22：1n-9	0.25～19.42	0.34～0.61
C22：5n-3	—	0.40～1.42
C22：5n-6	—	0.36～0.82
C22：6n-3（DHA）	4.11～6.25	1.16～6.46
C24：0	12.09～14.69	10.17～18.05
SFA	25.83～39.58	26.24～49.64
MUFA	25.59～34.57	17.57～45.70
PUFA	26.40～46.23	16.46～46.31

三、影响小龙虾体成分的因素

1. 生长阶段对小龙虾体成分的影响　同一地区养殖的不同生长阶段小龙虾的肌肉营养成分存在区别（表8-5）。例如，对江苏省盐城市人工养殖小龙虾的研究表明，不同生长阶段小龙虾的肌肉中脂肪酸的构成一致，均含有22种脂肪酸，但各种脂肪酸的具体含量存在区别。从饱和脂肪酸、单不饱和脂肪酸、多不饱和脂肪酸的总量来看，不同生长阶段小龙虾的不饱和脂肪酸含量均比较高，占到了油脂总量的72%以上。另外，相比于大规格的青壳小龙虾和红壳小龙虾，小规格幼虾的不饱和脂肪酸中，二十碳五烯酸与二十二碳六烯酸，即EPA与DHA的总量明显较高，达到了22.27%。不同生长阶段小龙虾除水分、肝体比、总糖、粗灰分、磷及脂肪酸组成等差异较小以外，其余性状和营养成分含量存在较大差异，具体表现为随着小龙虾的生长，其腹部含肉率、粗蛋白质含量均逐渐减少，而粗脂肪以及铁和铜的含量则逐渐增加。

表 8-5　不同生长阶段小龙虾生长性状及腹部肌肉成分含量

（封功能等，2011）

项目	幼虾	中虾	青壳虾	红壳虾
体重（g）	8.22±0.33	16.80±1.17	20.66±1.75	21.49±1.47
腹部含肉率（%）	1.32±0.44[a]	8.04±0.80[b]	3.60±0.56[c]	8.70±0.59[d]
肝体比（%）	5.89±0.28[a]	4.72±0.27[b]	5.52±0.21[a]	4.25±0.20[b]
第一步足含肉率（%）	—	2.32±0.22[a]	2.24±0.15[a]	2.35±0.23[a]
腹肉粗蛋白质（%）	83.60±0.09[a]	77.65±1.13[bc]	76.19±2.40[c]	76.17±1.57[c]
腹肉粗脂肪（%）	1.78±0.08[bc]	1.58±0.00[c]	1.94±0.00[ab]	2.07±0.14[a]
腹肉粗灰分（%）	8.61±0.07[a]	8.79±0.09[a]	8.52±0.15[a]	8.81±0.29[a]
腹肉总糖（%）	0.89±0.06[b]	0.92±0.09[b]	0.84±0.07[b]	1.16±0.09[a]
腹肉钙（%）	0.17±0.01[b]	0.25±0.02[a]	0.17±0.01[b]	0.13±0.01[b]
腹肉磷（%）	1.93±0.05[a]	1.88±0.03[a]	1.86±0.01[a]	1.86±0.03[a]
腹肉铁（$\mu g/g$）	96.32±2.99[b]	102.62±1.49[b]	126.48±1.57[a]	138.24±3.34[a]
腹肉铜（$\mu g/g$）	18.71±1.48[b]	21.39±1.02[ab]	18.27±1.22[b]	22.65±0.74[a]
腹肉铅（$\mu g/g$）	6.82±0.01[b]	13.24±0.14[a]	13.48±0.31[a]	15.09±0.54[a]

注：①肝体比为肝胰脏重量占总体重的百分比。②腹肉中营养成分含量以干重计算。③同列数据相同肩标字母表示差异不显著（$P>0.05$），不同肩标字母表示差异显著（$P<0.05$）。

2. 地域对小龙虾体成分的影响　不同地区养殖的相同规格小龙虾，肌肉中粗蛋白质、粗脂肪、氨基酸和脂肪酸含量可能存在较大差别。例如，产于贵州松桃、江苏盱眙、安徽宣城和湖北潜江4个地区的小龙虾中，江苏盱眙小龙虾的粗蛋白质含量明显高于贵州松桃小龙虾，而湖北潜江小龙虾的粗脂肪含量则又显著低于其他地区。不同地区养殖的小龙虾，肌肉中呈味氨基酸的总量，以及不饱和脂肪酸的总量均以江苏盱眙的小龙虾最高（梁正其等，2021）。对南京浦口、苏州太湖以及宿迁泗洪几个地区养殖的小龙虾的研究表明，宿迁泗洪养殖的小龙虾粗蛋白质含量最高，咀嚼性和弹性也较好；苏州太湖的小龙虾嫩度最高；南京浦口的小龙虾粗脂肪含量最高；不饱和脂肪酸占脂肪酸总量的百分比以及必需氨基酸占总氨基酸的百分比均以宿迁泗洪小龙虾最高，分别达到了 61.98% 和 35.85%；南京浦口小龙虾的鲜味较为明显（徐晨等，2019），风味最好。

3. 养殖模式对小龙虾体成分的影响　人工精养与自然生长的小龙虾在肌肉品质方面存在区别（表 8 - 6），主要表现为人工精养小龙虾的体重、体长、可食体重、螯夹重和螯夹臂展等指标明显优于自然生长的小龙虾，且人工精养小龙虾的肝胰腺也更为发达（赵成民等，2017）。相比于自然生长的野生小龙虾，稻田养殖小龙虾的饵料更充足和稳定，蜕壳的间隔时间更短，相同时间内蜕壳次数也就更多，生长速度更快。

表 8 - 6　自然生长与人工精养小龙虾的生物学特性比较

项目	自然生长小龙虾	人工精养小龙虾
体重（g）	32.93±5.85	38.0±3.11
体长（cm）	10.20±2.16	11.0±1.18
可食部位重占体重百分比（%）	60.52	60.79
虾肉重占体重百分比（%）	21.39	15.73
肝胰腺	较发达	很发达

注：可食部位指肌肉和肝胰腺。

程小飞等（2021）的研究也进一步证实稻田和池塘养殖的小龙虾肌肉的综合营养价值比野生小龙虾更高，表现为人工养殖的小龙虾肌肉中粗蛋白质和粗脂肪等概略营养成分，以及鲜味氨基酸、饱和脂肪酸和单不饱和脂肪酸等纯营养成分的含量整体显著高于野生小龙虾（表 8 - 7）。但是，相比于人工养殖的小龙虾，野生小龙虾肌肉中二十碳四烯酸与二十二碳六烯酸这两种高不饱和脂肪酸含量明显较高。高腾等（2021）认为稻田养殖的小龙虾肌肉中的水分含量和粗蛋白质含量分别显著低于和高于池塘精养的小龙虾。然而，周剑等（2021）的研究则与上述研究结果存在很大的差异，发现两种养殖模式下小龙虾的粗蛋白质和粗脂肪含量均无显著差异。

表 8-7　不同养殖模式对小龙虾肌肉常规营养成分的影响（风干基础，%）

（程小飞等，2021）

营养成分	池塘养殖模式	稻田养殖模式	野生
水分	6.3±0.18	6.31±0.01	6.39±0.12
粗蛋白质	83.59±9.12	84.42±0.46	82.81±9.81
粗脂肪	2.22±0.25[b]	2.96±0.34[a]	1.48±0.14[c]
粗灰分	6.17±0.33	6.34±0.05	6.52±0.59

　　有关养殖模式对小龙虾体成分的影响，不同研究者的结果存在一定差异，一方面与养殖环境的水质和底质有关；另一方面主要与食物或饲料在质量和数量上的差别有关。以上这些因素可以通过影响小龙虾的肠道微生物菌落组成而影响小龙虾对各种营养物质的消化和吸收，进而影响其体成分。

　　池塘养殖和稻田养殖小龙虾的肠道微生物在生物多样性和群落组成两个方面均存在明显差异。池塘养殖小龙虾肠道中的微生物多样性显著低于稻田养殖的小龙虾。虽然厚壁菌门都是两种不同养殖模式小龙虾的肠道优势菌，但池塘养殖小龙虾肠道厚壁菌门占比高达 67.40%，而稻田养殖小龙虾肠道中仅为 32.69%（李飞等，2021）。小龙虾的健康状况通常与肠道微生物存在着密切关系，肠道菌群主要通过其分泌的各种酶和自身代谢产物来影响小龙虾体内的物质和能量代谢，最终影响小龙虾的生长和免疫等生理过程，因此，肠道菌群结构既可维持小龙虾健康，也是影响小龙虾生长和肌肉品质的重要因素。自然生长的小龙虾，虾肉中总的氨基酸和蛋白质含量分别为 10.1% 和 13.5%，当同时同水体中捕捞的小龙虾在藕塘中套养一段时间以后，虾肉中的总氨基酸和蛋白质含量分别提高到 13.9% 和 18.5%，约为自然生长的小龙虾的 1.4 倍和 1.3 倍，且甘氨酸、天冬氨酸、谷氨酸、酪氨酸的含量也均显著升高，这表明藕塘养殖小龙虾模式可在一定程度上改善小龙虾的肌肉品质。稻田养殖的小龙虾，生肉的质构特性，如硬度、弹性、黏聚性和胶着性均低于清水养殖的小龙虾，但内聚性高于清水养殖虾，即稻田养殖的小龙虾的生肉更加细腻。蒸熟以后的清水虾肉，以上各项指标的平均值均显著上升，而稻田养殖小龙虾的质构特性，除弹性有所下降以外，其他质构指标均显著增加，各指标值比较接近清水虾生肉（表8-8）。

表8-8　稻田和清水养殖小龙虾肌肉质构特性

（梁洁等，2018）

虾肉来源	状态	硬度（g）	黏聚性（g）	内聚性	弹性（mm）	胶着性（g）
清水养殖	生肉	62.8±33.3	1.5±0.5	0.29±0.10	7.0±4.5	16.0±1.5
	熟肉	201.3±5.2	24.5±3.0	0.80±0.01	14.4±4.3	161.5±5.7
稻田养殖	生肉	29.0±2.4	1.0±0.5	0.39±0.15	5.3±4.4	9.5±4.0
	熟肉	89.0±29.5	4.5±2.5	0.49±0.01	3.0±0.4	43.6±15.9

对畜、禽、鱼等动物的研究表明，动物的肌肉组织质构特性主要受组织结构和营养组成的影响。营养成分中，又以水分、蛋白质和脂肪对小龙虾肌肉质构特性的影响较大。肌肉的硬度既取决于肌肉的本底硬度，又与肌肉中肌动球蛋白的硬度有关。其中，肌肉的本底硬度主要取决于结缔组织和其他基质中的蛋白质，而肌动球蛋白硬度则主要由肌原纤维蛋白质决定。研究发现，随着小龙虾体重规格的减小，肌肉水分含量升高，肌肉硬度也逐渐下降。小龙虾肌肉中水分含量越高，肌肉硬度就越低（徐晨等，2019）。因为水分含量越高，肌肉蛋白质与水的相互作用降低，进而导致肌肉的咀嚼性降低。反之，小龙虾的体重规格越大，肌肉硬度就越高，导致肌肉纤维断裂所需的形变力也越大。

第二节　小龙虾副产物的营养特性

虾壳和内脏是小龙虾加工产生的主要副产物。其中，虾壳富含蛋白质、多种必需氨基酸和风味氨基酸，氨基酸组成均衡，必需氨基酸与 WHO/FAO 推荐的必需氨基酸模式相近。从虾壳中提取的蛋白质不仅具有较好的抗氧化活性，对金黄色葡萄球菌和大肠杆菌也均有较好的抑菌效果，可作为动物饲料的蛋白源。虾下脚料中钙含量较高，如李亚楠等（2013）用柠檬酸、苹果酸、乳酸等有机酸从虾壳中提取的钙高达 126.04 mg/g，但除钙以外的其他矿物元素的含量则很少。研究虾下脚料中营养成分含量以及评价其饲用价值，旨在从理论上探讨小龙虾下脚料在动物饲料中的应用潜力，为小龙虾下脚料的实际开发与利用提供理论依据。

一、材料与方法

1. 小龙虾 实验用小龙虾 10 kg 于 2018 年 5 月购于湖南省益阳市南县的小龙虾交易中心，所有小龙虾均系人工养殖，平均体质量为（15.63±1.60）g。

2. 药品与试剂 硫酸铜、硫酸钾、硼酸、硫酸、盐酸、甲基红、溴甲酚绿、乙醇、氢氧化钠、无水乙醚等（均为分析纯），多元素矿物质混合标准溶液（购于国家标准物质网）。

3. 仪器与设备 高速多功能粉碎机（LFP‐800T 型）、电子天平（BS124 型，感量±0.000 1 g）、电热恒温干燥箱高温炉（101 型、SX‐2.5‐10 型）、电热恒温水浴锅（HWS‐24 型）、半自动凯氏定氮仪（KDN‐08A）、电感耦合等离子体原子发射光谱仪（Optima8300 型）、索氏提取器等。

4. 生物学指标与样品制备 随机选取 30 尾鲜活小龙虾，先称取整虾体质量，再分离虾头、尾壳和虾肉，并分别称重，以计算不同部位占体质量的百分比；将所有虾的含内脏的虾壳、不含内脏的虾壳和内脏等置于 105 ℃ 电热恒温干燥箱中干燥至恒重，并用高速多功能粉碎机将干燥样品粉碎，过 40 目筛，筛下物分别为实验用的脏壳粉、壳粉及内脏粉。

5. 虾壳粉感官评价与概略营养成分分析 参照王永华（2010）采用评分检验法对虾壳粉的感官指标进行定量评价。采用凯氏定氮法[《食品中蛋白质的测定》（GB 5009.5—2016）]、高温灼烧法

[《食品中灰分的测定》（GB 5009.4—2016）] 和索氏提取法 [《食品中脂肪的测定》（GB 5009.6—2016）] 分别测定虾壳中粗蛋白质、粗灰分和粗脂肪含量。无氮浸出物含量按以下公式计算：无氮浸出物含量＝100％－粗蛋白质含量－粗灰分含量－粗脂肪含量。

6. 矿物质元素的检测　采用干法灰化法对样品进行预处理，参照朱艳霞等（2013）通过电感耦合等离子体原子发射光谱法（ICP‐AES法）检测虾壳粉中钙、铁、锌、镁、锰、铜、铬、铅、汞、砷、镉共 11 种矿物质元素含量。

7. 实验数据分析　采用 Excel 软件对实验数据进行整理和统计分析，显著性水平设为 0.05。

二、实验结果

从小龙虾不同组织和部位占虾体质量的百分比来看，其可食部分（虾肉）仅占体质量的 18.93％，而下脚料（虾头与尾壳）则达 81.07％。小龙虾脏壳粉颜色呈深褐色，粉末颜色较均匀，油性较大；手捻有粗糙感，粉末粘手，捻后成团状，强捻可分散落下；腥味较重且略有不良刺激性气味。壳粉颜色呈沙棕色或者巧克力色，粉末颜色均匀，轻微油光；手捻质地柔软，粉末轻微粘手，不呈团状，轻捻粉末即可散落；略有腥味和不良刺激性气味。内脏粉则呈土褐色，粉末颜色不均匀，夹杂部分黑色，油性很大；手捻质地粗糙，粘手，易成块状，强捻后不易散落；腥味很重且带有较强的不良刺激性气味。不同下脚料的具体评分见表 8‐9。

小龙虾三种下脚料干样均带刺鼻的异味，其中以内脏粉最明显。丙烯醛、二甲胺、三甲胺、甲硫醚、乙硫醇、硫化氢、对甲基苯酚等酚类，甲基异丁基酮以及小分子醛类等均为不良异味物质（李伟芳等，2015）。其中，三甲胺是水产品重要的腥味物质（洪伟等，2013），芳香类化合物则易造成水产品风味不佳（秦晓等，2015）。由于烯醛和醇类等可由脂类的降解和过氧化产生（庄柯瑾等，2015；李翔宇等，2015），三类下脚料干样中脂肪含量均在 15％以上，内脏粉粗脂肪含量更是接近 20％，三类样品又均经

表 8 - 9　几种虾下脚料感官性状及评分

特征、特性	脏壳粉	壳粉	内脏粉
腥味	6	6	4
刺鼻气味	2	4	6
咸香味	4	4	3
苦味	2	3	5
涩味	2	3	5
细腻	6	4	2
油光性	3	4	6
黏结性	2	4	6

注：标度 0~7 表示样品每种特征的强弱程度。

较长时间加热干燥后制得，故虾下脚料中腥味及刺鼻气味可能与上述不良异味物质含量高有关，且很可能与三类样品中三甲胺含量高，以及脂肪的降解和过氧化有关，但具体原因尚需进一步研究。为了不因虾下脚料中的异味物质而影响其开发利用，有必要先利用相关技术，如生物除臭技术等对虾下脚料进行除异味物质处理。

新鲜小龙虾下脚料整体水分含量为 64.62%。不同下脚料中粗灰分和粗蛋白质含量均以含内脏的脏壳粉最高，但粗脂肪和无氮浸出物含量则均以内脏粉中含量最高。除粗脂肪外，不含内脏的壳粉中其他三种概略营养成分含量均介于脏壳粉和内脏粉之间。三种下脚料中粗脂肪和无氮浸出物含量均存在显著差异（$P<0.05$）（表 8 - 10）。由于三类虾下脚料中粗蛋白质的含量均高于 20%，理论上可作为蛋白质饲料使用。虽然虾下脚料中蛋白质含量均低于菜籽粕、棉籽粕、大豆粕、鱼粉、血粉、肉粉以及肉骨粉等蛋白质饲料（冯定远，2003），但是粗脂肪含量均高于上述各种饲料，粗灰分含量仅低于肉骨粉，无氮浸出物含量虽与上述植物蛋白质饲料相当，却远高于上述动物蛋白质饲料。

表 8-10　几种虾下脚料概略营养成分含量（绝干基础，%）

下脚料	粗灰分	粗蛋白质	粗脂肪	无氮浸出物
脏壳粉	35.43±0.83[b]	23.09±0.20[b]	18.82±2.48[b]	22.66[a]
壳粉	34.67±0.23[b]	21.68±0.64[a]	17.30±1.05[a]	26.35[b]
内脏粉	29.44±0.06[a]	20.88±0.49[a]	19.35±1.49[c]	30.33[c]

注：同列数据相同肩标字母表示差异不显著（$P>0.05$），不同肩标字母表示差异显著（$P<0.05$）。

不同虾下脚料的矿物质中 Ca 含量最高，其次是 Mg，微量元素含量由高到低依次是 Fe、Mn、Zn、Cu、As、Cr、Pb、Cd、Hg，其中几种重金属元素中 Hg 未检出（表 8-11）。小龙虾几种下脚料中 Zn、Cu 以脏壳粉中含量最高，Ca、As、Pb、Cd 以壳粉中含量最高，Mg、Fe、Mn、Cr 则以内脏粉中含量最高。虾的内脏粉中钙含量低于 8%，与肉粉中钙含量相当；虾的脏壳粉和壳粉中钙含量均接近 10%，略低于肉骨粉中钙含量 11%。三类虾下脚料中钙含量均远高于上述其余几种饲料，故可作为各类动物，尤其是处于快速生长阶段的动物，以及蛋鸡和奶牛的饲料钙源。根据《饲料卫生标准》（GB 13078—2017），虾类动物源性饲料中总 As、Pb、Hg、Cd、Cr 的限量值分别为 15、10、0.5、2、5 mg/kg。壳粉中所有重金属含量均在标准范围内，脏壳粉和内脏粉中仅 Cr 含量略高于标准限值，其余几种重金属含量均低于标准限值。总的来说，虾下脚料中概略营养成分及矿物质含量丰富，安全性较好，可以考虑开发成养殖动物所需配合饲料的饲料原料。

表 8-11　几种虾下脚料中 11 种矿物质含量（干样，mg/kg）

矿物质	脏壳粉	壳粉	内脏粉
Ca	97 146.65±2 471.26[b]	98 567.00±1 366.31[b]	76 765.00±238.76[a]
Mg	1 934.95±57.61[a]	1 920.71±3.40[a]	2 528.56±40.03[b]
Fe	698.01±78.33[b]	612.22±16.19[a]	1 410.97±1.91[c]

（续）

矿物质	脏壳粉	壳粉	内脏粉
Mn	359.37±7.04[a]	336.35±13.07[a]	696.40±7.80[b]
Zn	136.88±41.13[b]	104.44±14.80[a]	98.29±3.35[a]
Cu	58.03±0.78[b]	57.75±5.11[b]	52.64±0.05[a]
As	6.99±8.19[b]	9.52±3.35[c]	4.29±3.81[a]
Cr	5.19±0.01[a]	4.86±1.40[a]	5.94±0.21[b]
Pb	2.59±0.56[b]	3.27±0.42[c]	2.20±0.14[a]
Cd	0.100±0.00[a]	0.30±0.42[c]	0.15±0.07[b]
Hg	未检出	未检出	未检出

注：同行数据相同肩标字母表示差异不显著（$P > 0.05$），不同肩标字母表示差异显著（$P < 0.05$）。

三、结论

由于虾下脚料中概略营养成分含量均比较高，矿物质含量很丰富，甲壳素和虾青素等含量也不少，单从营养成分和活性成分含量角度看，小龙虾下脚料可作为动物性蛋白质饲料原料添加到动物的配合饲料中。但由于虾下脚料独特的腥味以及刺激性气味，其在动物饲料中的添加量会受到一定的限制。如果能够系统地检测虾下脚料中各种氨基酸和脂肪酸的含量，并通过真空干燥或低温干燥等干燥方式制备样品，或通过生物除臭技术去除高热干燥所得下脚料中的异味物质，则小龙虾下脚料在动物饲料等领域的开发利用程度可大大提高。虾青素因具有抗氧化性、较高的免疫调节活性和极强的色素沉着能力等生物学功能，在食品工业、心血管及白内障等疾病预防，以及化妆品领域应用较广。

第三节　小龙虾的加工与利用

小龙虾的加工可分为初级加工和精深加工两个层次。其中，初级加工与利用主要集中在可食用部分，即虾肉的加工与利用；深加工则主要集中在小龙虾副产物等不可食用部分，如虾头或虾壳的加工与利用。整体来看，小龙虾的加工与利用可分为以下几个方面。①直接供人类食用：已开发出来的小龙虾菜品包括十三香龙虾、手抓龙虾、酱爆虾等。②熟制虾仁冻品：鲜活的小龙虾煮熟以后，经过去头、去壳和去肠，定量包装制成冷冻食品。③冻品调味熟虾：鲜活小龙虾煮熟以后，加入各种调料进行调味处理，再定量包装和冷冻处理。④加工成保健品：虾仁加工过程中产生的虾头和虾壳等原料，经强酸或强碱处理后，用来提取和制备甲壳素和壳聚糖。⑤制作成调味料：如生产虾酱和调味品等。⑥制作成饲料原料：虾头或虾壳经烘干和粉碎以后加工成虾头粉或虾壳粉。

一、小龙虾的加工性状

当前的研究认为，小龙虾的加工性状主要取决于虾肉，因此小龙虾的腹肉重和腹肉率是影响其加工性状的宏观因素，虾肉的组织结构以及虾肉营养成分含量等则是影响虾肉加工性状的微观因素，而小龙虾的生长和形态性状又对其加工性状具有较高的遗传决定力。20 世纪 90 年代，小龙虾的含肉率高达 24.5%（姚根娣等，1993），当前小龙虾的含肉率下降到了仅 14.16%～20.21%（刘永涛等，2020；田娟等，2017）。小龙虾的含肉率是评价小龙虾的种质、产品加工性状与经济价值的重要指标之一。就含肉率的变化来看，小龙虾的含肉率较 20 世纪 90 年代有了明显下降，下降幅度高达 4 个百分点以上，说明小龙虾的加工性状也较以往有所下降。

Wang 等（2020）对江苏淮安盱眙县官滩镇、宿迁市洋河镇、宜兴市大埔镇三个不同地理种群的成熟小龙虾的加工性状进行了研究。结果表明，小龙虾腹部肉重的遗传决定表现为：总重量（0.394）＞腹部性状（0.178）＞头胸性状（0.151）＞腹部肉产量（0.063）＞螯性状（0.055）；而腹部肉产量，即腹肉重量占总重量的百分比的遗传决定表现为：总重量（0.266）＞腹部性状（0.152）＞腹部肉重（0.140）＞头胸性状（0.124）＞螯性状（0.069）。因此，体重对腹部肉重的遗传决定（0.394）明显高于对腹肉率的遗传决定（0.266），通过体重间接选择腹肉率的预期效果不理想。然而，生长对腹部肉重的遗传决定大于腹部肉产量，这表明直接根据生长性状选择小龙虾可对腹肉重量产生相对较好的预期效果。从这个意义上说，小龙虾的体重应该是最重要的性状，直接选择体重有利于改善小龙虾腹部肌肉重量这一加工性状。另外，小龙虾腹部长度、宽度和深度这三个腹部性状对腹部肉重的遗传决定为0.178，大于对腹部肉产量的遗传决定（0.152）。头胸性状与腹部肉重和腹部肉产量这两个加工性状之间存在负遗传相关关系（表8-12），且头胸性状对两个加工性状的遗传决定较低，表明头胸性状对这两个加工性状具有遗传限制性，也意味着头胸越小，小龙虾的加工特性反而越高。

表 8 - 12　小龙虾生长、体型与加工性状的表型相关性

（Wang 等，2020）

性状	总重量	螯长	螯宽	头胸长	头胸宽	腹长	腹宽	腹深	腹肉重	腹肉率
总重量		0.725	0.492	0.590	0.396	0.486	0.334	0.193	0.818	−0.106
螯长	0.681		0.473	0.634	0.376	0.390	0.336	0.137	0.129	−0.110
螯宽	0.539	0.568		0.592	0.700	0.342	0.387	0.226	0.173	−0.199
头胸长	0.542	0.678	0.557		0.598	0.390	0.251	0.362	0.190	−0.142
头胸宽	0.408	0.471	0.622	0.546		0.262	0.290	0.254	0.155	−0.169
腹长	0.538	0.319	0.446	0.324	0.336		0.579	0.487	0.618	0.358
腹宽	0.386	0.433	0.470	0.305	0.363	0.657		0.543	0.442	0.314
腹深	0.262	0.203	0.212	0.343	0.296	0.593	0.568		0.373	0.232
腹肉重	0.879	0.147	0.105	0.216	0.205	0.690	0.432	0.139		0.221
腹肉率	−0.284	−0.163	−0.171	−0.147	−0.199	0.375	0.294	0.220	0.249	

注：对角线上方和下方分别为雄性和雌性。

鉴于小龙虾的生长和形态性状对其加工性状具有更高的遗传决定力，以加工性状改良为目标的小龙虾育种有望对其加工性状的间接选择产生影响。从整体遗传决定的影响来看，体重对加工性状的影响最大，其次是腹部性状，包括腹部的长度、宽度和深度。因

此，在对加工性状进行间接选择时，除了考虑体重等生长性状以外，还应考虑头胸性状，即选择头胸部较小或者腹部尺寸较大的个体。虾螯性状对小龙虾加工性状的影响很小，可以忽略不计。

尽管小龙虾的良种选择和育种标准主要是生长性状，而不是加工性状，但小龙虾的加工特性，尤其是小龙虾的腹部肉重和腹肉率，在整个小龙虾产业中仍然具有重要的经济意义。与中国市场上的其他虾类，如拟螯虾科、滑螯虾属的四脊滑螯虾，即澳洲淡水龙虾相比，小龙虾的加工特性将变得越来越重要。据报道，小龙虾加工性状的遗传力属于中等范围（Lutz 等，1999；Wang 等，2019）。因此，如果将小龙虾的加工性状作为直接选择标准，可以取得理想的遗传增益。

质构仪凭借其能够模拟食物的咀嚼过程，并通过挤压特定食物而反映食物的硬度、弹性、回复性等质构特性，被广泛用来评价动物性食品的肉质和加工特性。其中，硬度主要反映被挤压样品的力量，凝聚性反映食品抵抗受损使其保持完整的性质，回复性和弹性主要反映食品的弹性。虾肉中的水分、脂肪和蛋白质含量均可影响虾肉的质构特性，进而影响其加工特性。例如，硬度被认为受水产品体质量、水分、脂肪及蛋白质等营养成分含量的影响，与虾肉中的水分含量呈负相关，与体重和粗脂肪含量则呈正相关（丁玉琴等，2011）。相比鱼类，小龙虾体质量更小，虾肉中水分含量更高，而脂肪含量则更低，因此虾肉的硬度较鱼类更低，更易咀嚼，更适合老年人与幼儿。蛋白质根据其溶解性可分为盐溶性蛋白质和水溶性蛋白质两大类。其中，盐溶性蛋白质为肌原纤维蛋白，主要包括肌动蛋白和肌球蛋白；水溶性蛋白质则主要为肌红蛋白、各种酶和肌浆蛋白等。盐溶性蛋白质主要影响肌肉组织的保水性和黏性，水溶性蛋白质则与食品的分散性、乳化性以及起泡性等有关。因此，小龙虾肌肉中以盐溶性蛋白质含量对虾肉质构特性的影响较大。

二、小龙虾的加工技术

1. 保鲜技术

（1）保鲜剂保鲜　熟制小龙虾因水分含量比较高，储藏期间容易滋生微生物，导致虾体蛋白质发生水解和氧化反应等而降低食品质量。已发现的对即食小龙虾具有较好保鲜效果的保鲜剂有很多种，包括山梨酸钾、脱氢乙酸钠、ε-聚赖氨酸、壳聚糖。当上述四种化合物分别以 0.50、0.31、0.21 和 2.84 g/L 的浓度复配时，对即食小龙虾的保鲜效果更好（刘文浩等，2021）。保鲜剂不仅可以有效减慢即食小龙虾感官品质下降，还可以抑制微生物数量，降低小龙虾生、熟制品的 pH，以及影响总挥发性盐基氮（TVB-N）和硫代巴比妥酸反应物值等。另外，也可以将壳聚糖、茶多酚以及ε-聚赖氨酸复合后配制成保鲜剂，这种复合保鲜剂在常温下可以使即食小龙虾的货架期延长 1 周左右。

（2）冷冻保鲜　冷冻处理主要通过抑制微生物生长来延长小龙虾及其制品的储藏期，最大限度地保持食品营养成分，是一种传统的食品保鲜技术。生鲜小龙虾在 -18 ℃的保质期为 1 个月，如果继续延长冷冻时间，虾体内的冰晶体积会逐渐变大，并破坏小龙虾细胞的微观结构，使细胞内部出现机械损伤，小龙虾品质也因此发生劣变（Shi 等，2018）。工厂速冻熟制小龙虾虾肉时建议采用 -20 ℃处理。由于 -20 ℃以下对小龙虾新鲜度和品质的影响与 -20 ℃差异并不显著，因此过快的冷冻速率在小龙虾加工的过程中并不是必要的。由于冷冻处理过程中会产生冰晶，并导致小龙虾组织结构变化、脱水以及蛋白质变性等，从而使其质构特性、保水性、营养价值和风味等降低。解冻及后续加热过程中，也会加剧小龙虾汁液的流失，出现虾肉变硬、口感变粗糙、色泽变暗等现象（Ehsani 等，2014）。如果使用能够降低或抑制肌肉等生物组织中冰晶形成和生长速度的冷冻保护剂，则可减少冷冻处理对小龙虾等食品品质带来的不良影响。风味蛋白酶水解物正是一类可以作为冷冻保护剂应用于小龙虾保鲜的物质。该类物质的保鲜机理为以下两点：一是可以抑制小龙虾肌球蛋白质的变性；二是可以降低肌肉中脂质的氧化速率（Yasemi 等，2017）。

（3）除菌保鲜　除菌工艺是食品加工过程中的重要环节，常用于食品的杀菌技术包括低温杀菌（100 ℃以下）、超高温瞬时杀菌

（125～150 ℃、2～8 s）、巴氏杀菌（61～63 ℃、30 min；或72～75 ℃、10～15 min）、超高压杀菌（400～600 MPa）、微波杀菌（2 450 MHz）、紫外线杀菌（250～260 nm）、辐照除菌、臭氧杀菌和膜过滤除菌技术（0.000 1～10 μm）等。其中，巴氏杀菌、超高压杀菌和辐照杀菌在即食小龙虾的除菌过程中应用较普遍。就延长即食小龙虾的保质时间而言，超高压除菌技术要优于巴氏杀菌。小龙虾在真空包装条件下，0～8 kGy 的辐照处理可引起虾肉水分含量、蛋白质浓度、弹性、黏度、亮度、黄度下降，而虾青素含量、蛋白质疏水性、硬度、咀嚼性、红度则增加，虾肉的综合品质较新鲜熟制小龙虾稍有劣变（耿胜荣等，2017）。也有研究表明，当辐照的电子束为 6 kGy 剂量时，即食小龙虾的总氨基酸量、必需氨基酸总量和呈味氨基酸总量均显著增多，含硫化合物的含量则有所下降，处理后的小龙虾无辐照味，质构特性影响不大；8 kGy 以上电子束处理小龙虾，可显著增加虾肉气味和含硫挥发性物质（陈东清等，2019）。当电子束剂量上升到 7 kGy 时，虽然对即食小龙虾的除菌效果更彻底，但小龙虾的含硫化合物也会激增且有辐照味，其质构特性变化也很明显。另有研究表明，6 kGy 的电子束处理小龙虾，可提高即食小龙虾的营养价值和改善其风味，并明显延长即食小龙虾在常温下的贮藏时间。与高压灭菌和 7 kGy 辐照处理相比，6 kGy 电子束处理能较好地减少虾肉在储藏期含水量的下降和色泽变暗情况，一定程度上保持小龙虾在储藏期的外观、质构特性和卫生安全性（郑读等，2021；陈东清等，2019）。辐照杀菌技术作为一种即食小龙虾或煮制小龙虾的保鲜技术，具有高效和操作适应范围广等特点，可使食品实现较长时间贮藏。

2. 熟制技术 蒸煮是小龙虾加工中一种重要的热处理过程，该加工过程不仅使小龙虾的色泽更加鲜亮，还能使虾体的自溶酶变性失活，并消除残留在虾体表面以及内部的微生物。小龙虾的蒸煮方式根据蒸煮时的水温可分为很多种。其中，较常用的熟制方式有冷水开始煮制、沸水开始煮制、冷水开始蒸制和沸水开始蒸制等。冷水蒸煮的小龙虾，在小龙虾肌肉的持水性方面，要优于沸水蒸煮的小龙虾。就感官性质与质构特性而言，沸水蒸煮的小龙虾更优（周明珠等，2021）。小龙虾的煮制方式根据是否加盐又分为清水煮制和盐水煮制两种。其中，盐水煮制工艺不仅可以提高组织细胞的通透性，还可充分改变虾肉中的蛋白质特性，便于后期腌制加工过程中风味物质的渗入。随着盐煮时间与食盐的增加，小龙虾水分含量会逐渐下降；小龙虾的质量损失率因水分等成分的损失而增加，且质量损失率明显高于失水率。小龙虾在 5% 盐度下煮制 10 min，其表面色泽、质构特性以及口感较佳，肉质也更紧密（董志俭等，2017）。

微波加热也是一种食品熟制技术。微波熟制条件下，2 W/g 加热 4.5 min 以上，或者 3 W/g 加热 3.5 min 以上，或者 4 W/g 加热 2.5 min 以上，或者 5 W/g 加热 1.5 min 以上，小龙虾的平均温度均可达到 80 ℃ 以上。采用 3 W/g 或者 5 W/g 微波加热方式，小龙虾仅需加热 5.5 min，其外观色泽便可接近水煮 5.5 min 的小龙虾。微波加热处理的小龙虾不便于虾尾脱壳。虾尾经 3 W/g 微波加热后，其口感与水煮 3.5 min 的虾尾口感没有显著差异（范海龙等，2020）。微波熟制可显著降低小龙虾不饱和脂肪酸、总氨基酸以及必需氨基酸含量，且随着微波功率的增加，小龙虾的风味物质，如呈味游离氨基酸与呈味核苷酸含量显著下降，其味精当量值与味道强度值均明显降低（徐文思等，2022）。总体来看，除了营养物质与风味有所下降以外，微波加热处理的小龙虾的色泽、质构特性以及口感等一般优于其他加工方式。

油炸也是一种熟制的热处理方式。该加工过程不仅可以改善食品的外观，还可赋予小龙虾等食品以特殊的香味，并提高食品的硬度、弹性、咀嚼性等质构特性。油炸加工效果与处理温度关系密切。油温越高，食品中水分的蒸发速度越快，产品的变化越大。在 140～200 ℃ 范围内，分别对淡水小龙虾的虾壳、虾肉和虾黄油炸处理 15、30、45、60 s，发现在油炸温度 180 ℃ 处理虾肉 45 s，虾肉中心便可达到肌肉熟制温度标准。随着油炸温度的升高以及油炸时间的延长，小龙虾不同部位的质量损失率均显著上升；整体外观得以改善，具体表现为小龙虾各部位的亮度与红度呈上升趋势，但黄度呈下降趋势；肌肉的硬度、弹性、回复性、黏性以及咀嚼性等质构特性也均显著增加；虾肉中的总挥发性盐基氮含量也会显著增加，但仍低于 0.1 g/kg（李新等，2021）。在油温为 150 ℃ 的条件下，油炸小龙虾 80 s，所得熟制小龙虾的外观更红亮，口感也更有嚼劲（杨海琦等，2020）。在 180 ℃ 条件下油炸处理 60 s，可使熟制小龙虾在 25 ℃ 条件下的贮藏时间延长达 190 d。

3．腌制技术 腌制主要指使用食盐和糖等调料对小龙虾进行浸渍处理，达到调节和改善味道，并保持小龙虾本身的风味和质构特性的目的，如使虾肉在一定程度上脱水，肉质更有弹性等。食盐和糖等调料的浸渍温度和时间对小龙虾的调味效果影响很大。例如，小龙虾在 4、12 和 20 ℃ 等不同温度下使用蔗糖分别浸渍 15、10.5 和 9 h，均可达到相同的入味效果，即几种腌制小龙虾的蔗糖含量均为 9.6％。浸渍入味的小龙虾，其微生物菌落总数均在标准允许的范围之内，且质构特性及风味也优于传统煮制的小龙虾。干净的鲜活小龙虾经去头和去肠处理之后在浓度为 0～8％ 的食盐水中分别煮制 1～5 min。其中，以 4％ 的食盐水煮制 3 min 所得的即食小龙虾的品质最好，如外观的色泽最好，虾肉中水分和蛋白质含量较高，肌肉中蛋白质的溶解性、嫩度、持水性也较好（徐言等，2020）。

4. 干燥技术 虾的干制品，如虾肉脯和干虾仁等的加工过程中需要进行干燥处理。小龙虾及其组织在干燥过程中，由于营养成分的浓缩，以及温度和光照等的作用会产生特殊的香味。干燥处理之后的虾干由于水分含量很低，可在常温下长时间保存。目前，常用于小龙虾的干燥处理方法主要有真空冷冻干燥、热风干燥和微波干燥等三种。其中，真空冷冻干燥因不适合大批量食品的处理，使用较少。热风干燥则是目前食品加工中普遍采用的干燥方法，但也存在处理时间长和有效成分损失较大等突出问题。微波干燥的突出优点是速率快和耗时短，还能较好地保存食品原有的感官性质，减少食品营养损失，其缺点主要为干燥温度高，容易出现过热现象。

分别采用 60 ℃热风干燥 4 h、550 W 微波干燥 6 min、热风-微波联
合干燥处理（60 ℃ 干燥至水分含量 50％ 左右，再 550 W 干燥
3 min）煮制过的小龙虾，发现联合干燥法较热风干燥和微波干燥
具有更高的亮度和红度，更低的挥发性盐基氮与硫代巴比妥酸值，
以及最佳的色泽、口感和风味等感官品质（董志俭等，2017）。可
见，热风-微波联合干燥不仅可以明显缩短干燥所需的时间，降低
干燥过程的能量消耗，重要的是能够较大限度地保持小龙虾的感官
性质和营养品质。因此，热风-微波联合干燥是一种理想的小龙虾
干燥方法。

5．脱壳技术　目前，小龙虾的初级加工产品有下面四种。
①原味虾：加工材料主要为未去头也未去壳的整只虾。②调味小龙
虾：按风味可分为中式风味和国际风味两种。③虾仁：加工材料主
要为去头和去壳后的虾肉。④虾尾：原材料主要是去头以后剩下的
未去壳的腹部和尾部。在虾仁加工过程中，通常需要对小龙虾进行
脱壳处理，手动剥壳不仅效率低，还可能损害小龙虾肉。为了解决
手动剥壳效率低的问题，目前已开发了冷冻处理技术、机器辅助人
工剥壳技术以及热处理技术等多种高效剥壳技术。鲜活的小龙虾经
过完全冷冻以后，再放在水中解冻，待小龙虾变软之后，去壳更容
易一些。市售的小龙虾剥壳器有很多种，包括家用的小型剥壳器以
及批量脱壳的工厂化装置。Shao 等（2017）以及汪兰（2016）发
现 200～300 MPa 超高压处理小龙虾以后，不仅小龙虾的剥壳效率
较传统手工脱壳大幅提高，而且小龙虾虾肉的产量达到最大，肌肉
弹性、硬度以及黏结性均显著提高，具体表现为脱壳效率较未处理
过的和经水煮过的小龙虾分别提高了 65.46％和 47.37％，且虾肉
完整性好，肌肉硬度和耐咀性均有所增加。室温下分别于 100、
150、200、250、300 MPa 的超高压条件下，处理小龙虾 3 min，然
后评价辅助脱壳效果。结果发现，100～300 MPa 范围内，随着压
力的上升，虾肉的肌原纤维蛋白盐溶性和总巯基含量均逐渐下降；
但是，当压力为 200 MPa 时，小龙虾的脱壳率和虾肉完整率均达
到了 100％；采用 300 MPa 超高压处理后的小龙虾，细菌菌落总数

和肌原纤维蛋白质变性程度增加。综上所述，超高压处理鲜活小龙虾，不仅可减少虾肉中的菌落总数和虾肉的蒸煮损失，还可降低熟化虾肉的硬度、弹性、回复性和咀嚼性等质构指标。因此，超高压技术是一种比较适用于鲜活小龙虾的辅助脱壳技术。

三、典型小龙虾产品的加工工艺

1. 即食椒盐小龙虾 即食椒盐小龙虾的制作工艺流程：鲜活小龙虾去除虾头，留下腹尾→清洗腹尾，并沥干水分→油炸虾尾→椒盐调味→冷却→真空包装→6 kGy 电子束辐照杀菌→成品。其中，最佳油炸工艺参数为：170 ℃、2.5 min，椒盐量 2.0%（瞿桂香等，2020）。所得即食椒盐小龙虾经过电子束辐照灭菌处理以后，外观色泽鲜亮且有光泽，虾肉弹性好，风味佳，25 ℃恒温条件下，成品的货架期可达到 24 d。

2. 即食麻辣小龙虾 鲜活小龙虾的选择（体长 8 cm 以上）→15%的盐水中浸泡 3 h→去头、去壳，虾肉于 4 ℃冷藏备用→流水漂水 0.5 h→沥干水分汤汁→汤浸［调味品入水混合，加热至 100 ℃并保持 30 min，冷却至（4±1）℃后放入小龙虾，浸泡 2 h，沥干汤汁］→煮制→真空包装→灭菌→成品。其中，即食麻辣小龙虾最佳工艺参数为：90 ℃条件下煮制 10 min；调味料根据用量由多到少分别为干花椒 120 g、干辣椒 80 g、料酒 70 g、砂糖 60 g、食盐 50 g、味精 30 g、十三香 10 g。制作好的即食麻辣小龙虾的最适杀菌温度和杀菌时间分别为 115 ℃和 10 min（李锐等，2019）。

3. 小龙虾肉脯 小龙虾肉脯的制作工艺流程：鲜活小龙虾去头、去壳→取虾肉→白砂糖、盐、谷氨酰胺转氨酶等腌制→摊晾（虾肉厚度 5～8 mm）→脱水干燥（50～60 ℃电热鼓风干燥箱中干燥 2 h）→摊晾（虾肉厚度 3～5 mm）→脱水干燥（50～60 ℃电热鼓风干燥箱中干燥 2 h 或干燥至水分含量 30%以下）→烤制熟化→压平和切片（3 cm×5 cm 长块）→真空包装→成品。其中，最佳工艺参数为：小龙虾虾肉 100 g，糖盐量 10 g，糖盐比为 3∶1，谷氨酰胺转氨酶 200 U/g、温度 145 ℃、时间 9 min。所得小龙虾肉脯厚薄均匀、片形整齐、色泽淡红亮泽、咸甜适宜,弹性较好,硬度和咀嚼性适中。

4. 小龙虾虾肉丸 小龙虾虾肉丸的制作工艺流程:鲜活小龙虾的挑选(剔除死虾,留取活虾)→去头、去肠、去壳→虾肉冻存(虾肉于−18 ℃冰箱中保存备用)→解冻和清洗(虾肉、鱼肉和猪肥肉于流水中解冻,并清洗以去除虾肉中的杂质和污物)→去腥(虾肉和鱼肉中加入少量料酒,再搅拌 10 min)→准备肉泥(将虾肉、鱼肉和猪肥肉混合以后剁成肉泥)→配料(水 120 g、小龙虾肉 100 g、鱼肉 30 g、猪肥肉 20 g、马铃薯淀粉 21 g、鸡蛋清 10 g、绿豆淀粉 9 g、蔗糖 6 g、食盐 3 g、葱姜蒜粉 3 g、谷氨酰胺 2 g、味精 2 g、外源蛋白质适量)→成型(15 g/个的球状)→加热(沸水煮制 10 min)→冷却(凉开水冲洗,冷却至常温)。其中,外源蛋白的添加水平为 2%～10%;外源蛋白的种类包括小麦面筋蛋白、大豆分离蛋白和花生分离蛋白。添加外源蛋白的目的是改善虾肉丸的内部结构和质地,以提高虾肉丸的保水性、嫩度和凝胶特性;同时,降低蒸煮损失率和虾肉丸的白度。当小麦面筋蛋白添加量为 6%,或大豆分离蛋白添加量为 4%～6%,或花生分离蛋白添加量为 2%时,小龙虾虾肉丸品质均可达到最佳。但是,相比于大豆分离蛋白和花生分离蛋白,添加小麦面筋蛋白对小龙虾虾肉丸的品质改善效果最明显。小麦面筋蛋白添加量为 6%时,小龙虾虾肉丸的凝胶强度和保水性分别较未添加组提高 64.8%和 11.3%(徐晨等,2020)。

5. 卤制小龙虾 卤制小龙虾的制作工艺流程:原料选择(鲜活小龙虾,规格为 35～40 g/尾)→清洗(0.2%柠檬酸、1.4%食盐以及 0.2%食用碱的复合清洗液,增氧浸泡 45 min)→加热→冷却→卤制(卤料包中香叶、八角、草果、小茴香各 0.15 kg,桂皮、甘草、木香、山柰各 0.10 kg,砂仁、草豆蔻、白蔻各 0.08 kg)→分拣包装→成品。其中,最佳工艺条件与参数为:①最佳加热条件。油炸、微波、蒸煮三种加热处理方式中,油炸处理后小龙虾的感官评分最高,但随着时间的延长,感官性质快速下降,挥发性盐基氮和细菌菌落总数快速上升，即油炸处理的小龙虾不耐贮藏。最佳加热方式是微波加热，其工作条件为：2 450 MHz、20 kW、2.5 min。②最佳真空冷却终止温度为 20 ℃。③最佳卤制工艺条件为 5 ℃卤水中浸泡 4.5 h（周结礼，2019）。

第四节　小龙虾副产物的开发与利用

一、概述

小龙虾虾壳作为小龙虾加工产生的主要副产物，具有来源广和成本低等突出特点，同时由于其蛋白质含量（36%～40%）相对较高，必需氨基酸含量较丰富（约 45.33%），且与牛奶蛋白粉中必需氨基酸和酪蛋白中必需氨基酸基本接近，部分呈味氨基酸的含量较丰富，故提取的蛋白质可作为动物性蛋白质饲料原料添加到动物饲料中，以替代和节约鱼粉；提取的钙则可作为动物钙源补充剂；另外，小龙虾虾壳还含有壳聚糖和虾青素等活性成分，具有一定的抗病和提高免疫力的作用。因此，小龙虾虾壳是一种潜在的新型动物饲料蛋白源。将小龙虾虾壳制成饲料原料的常用方法是将小龙虾虾壳干燥后，粉碎制成干粉，再添加到畜禽和水产动物配合饲料中。

按小龙虾虾壳率 80%计算，近三年我国每年产生 200 万 t 左右小龙虾虾壳。当前，小龙虾虾壳大部分以废弃物形式被丢弃，被丢弃的虾壳极易发生腐败和变质，这不仅造成了环境的极大污染，也导致了资源的极大浪费。国内外有关小龙虾饲料营养和疾病方面的研究较多，有关小龙虾虾壳的基础研究相对较少。由于小龙虾虾头内含有内脏，故小龙虾废弃物中蛋白质、脂肪和无氮浸出物以及各种矿物元素含量均比较丰富。但目前有关小龙虾虾壳方面的研究主要集中在小龙虾虾壳对重金属的吸附性能和虾壳中蛋白质、几丁质、虾青素、几丁质酶、乙酸钙、N-乙酰-D-氨基葡萄糖等活性成分提取和分离技术研究方面。对于小龙虾虾壳的应用研究也不多，仅部分中国学者开展了小龙虾虾壳在食品、调味品，以及家禽和鳖饲料中的初步研究，研究均不够系统和深入。

人们对水产品的消费需求日益增加，人类所需的膳食蛋白质目前有 1/3 以上来自水产品，而中国消费的水产品中 70％以上来源于人工养殖。养殖鱼类突出的营养特点是蛋白质需要量高达30％～60％，且主要依赖进口鱼粉和豆粕。随着饲料工业的发展，我国市场上的鱼粉和豆粕等常规饲料蛋白质源已供不应求，且价格昂贵，故开发新型饲料蛋白质源以替代水产配合饲料中的鱼粉或豆粕等常规蛋白质源已成为研究热点。小龙虾干制虾壳中的蛋白质含量约为36％～40％，且必需氨基酸含量较丰富，是一种潜在的动物性饲料蛋白质源。但是，目前小龙虾虾壳在水产饲料中的应用效果却鲜有研究。少数研究表明，小龙虾虾壳匀浆后作为主要新型原料用于中华鳖饲料，投喂 90 d 后，发现这种新型饲料可显著提高中华鳖的成活率，同时可以节省养殖成本和改善中华鳖品质（陈天忠，2001）。石天亮等（2013）的研究也表明，小龙虾虾壳可以充当中华鳖的饲料蛋白质源，并可降低中华鳖的养殖成本，还能利用虾青素的自然添加，增强中华鳖的免疫机能。用小龙虾加工废弃物、鱼粉以及水草＋饼粕类＋浮游动物三种饲料蛋白质源养殖小龙虾幼虾，养殖 51 d 后，结果显示，幼虾平均增重和平均增重率均无显著差异，但以小龙虾加工废弃物作为蛋白源可以提高经济效益与社会效益（舒新亚等，2009）。综上所述，小龙虾虾壳粉在水产饲料中的应用仅涉及中华鳖和小龙虾，关于小龙虾虾壳粉在鱼类配合饲料中的应用及效果评价目前还未见系统性研究和报道。

探讨小龙虾脏壳粉用作鱼类蛋白质饲料的可行性及其适宜添加量，主要是为了解决水产饲料工业中蛋白质饲料资源短缺问题。深入研究小龙虾内脏和虾壳在鱼类等水产动物饲料中的应用，既有益于促进新型饲料资源的开发，又有利于保护环境。

二、小龙虾脏壳粉在鲫饲料中的应用

1. 材料与方法

（1）实验饲料　实验用小龙虾均为人工养殖小龙虾，购于益阳南县的小龙虾养殖场。随机选取 30 尾鲜活小龙虾，称取整虾体质量后分离头胸部、腹壳和虾肉，并分别称重，以计算小龙虾不同组织部位百分比；将头胸部和腹壳置于 70 ℃恒温干燥箱中干燥至恒重，冷却后称重，用高速多功能粉碎机粉碎，过 40 目筛，筛下物为实验用脏壳粉。参照《鲫鱼配合饲料标准》（SC/T 1076—2004）及本实验所测得脏壳粉的各营养成分含量，采用 VF123 饲料配方软件设计对照组鲫配合饲料。以对照组鲫饲料为基础饲料（D0），用 4％、8％、12％脏壳粉替代基础饲料中相应比例菜籽粕，分别得各实验组饲料配方 D4、D8 和 D12（表 8-13）。

表 8-13　实验饲料及其营养水平（干物质基础）

项目	D0	D4	D8	D12
饲料原料				
玉米（％）	3.22	3.22	3.22	3.22
小麦麸（％）	14.00	14.00	14.00	14.00
豆粕（％）	51.47	51.47	51.47	51.47
菜籽粕（％）	17.50	13.50	9.50	5.50
脏壳粉（％）	0.00	4.00	8.00	12.00
植物油（％）	3.11	3.11	3.11	3.11
磷酸氢钙（％）	2.82	2.82	2.82	2.82
石粉（％）	6.78	6.78	6.78	6.78
食盐（％）	0.10	0.10	0.10	0.10
预混料[①]（％）	1.00	1.00	1.00	1.00
合计（％）	100	100	100	100
营养水平[②]				
能量（MJ/kg）	11.62	11.34	11.06	10.79
粗蛋白质（％）	32.09	31.42	30.74	30.06

（续）

项目	D0	D4	D8	D12
粗脂肪（％）	5.00	5.64	6.27	6.91
粗灰分（％）	6.06	5.59	5.12	4.64
粗纤维（％）	14.00	15.09	16.19	17.28

注：①预混料为每千克配合饲料提供维生素 A 6 000 000 IU、维生素 D_3 1 500 000 IU、维生素 E 4 g、维生素 K_3 1.2 g、维生素 B_1 0.25 g、维生素 B_2 2.2 g、维生素 B_{12} 0.5 mg、维生素 C 15 g、烟酰胺 1 g、D-泛酸钙 0.55 g、叶酸 50 mg、D-生物素 100 mg、L-抗坏血酸-2-磷酸酯 16.5 g、L-赖氨酸盐酸盐 2 g、DL-蛋氨酸 2 g、牛磺酸 1 g、肌酸 0.8 g、K 5 g、Na 10 g。②均为实测值。

（2）实验鱼及其养殖管理　从湖南文理学院校内水产养殖基地选取 360 尾体质量相近的普通鲫，随机分为 4 组，每组 3 个重复，每个重复 30 尾鱼。采用室内循环水养殖系统养殖实验鱼，对照组、4％替代组、8％替代组、12％替代组分别投喂 D0、D4、D8 和 D12 饲料，养殖周期为 60 d。各组实验鱼平均初始体质量（IW）分别为（4.89±0.14）g、（4.87±0.13）g、（4.94±0.15）g 和（4.97±0.05）g，初始体质量组间差异不显著（$P>0.05$）。每日 8:00 和 16:00 喂料，各组日投料量为该实验组鱼总体重的 3％。养殖实验期间，每日检测水质并替换养殖桶中 1/3 的水量。每日准确记录各组实验鱼摄食情况和健康状况。养殖期间水温 25～28 ℃，溶解氧 7.0 mg/L 以上，pH 7.5±0.3。养殖实验结束前 24 h 停止喂食。

（3）指标及检测方法

①感官分析与营养成分检测。采用感官分析法对脏壳粉进行感官分析与评价。分别参照《食品中水分的测定》（GB 5009.3—2010）、《食品中蛋白质的测定》（GB 5009.5—2010）、《食品中脂肪的测定》（GB 5009.6—2010）、《食品中灰分的测定》（GB 5009.4—2010）测定脏壳粉和鱼体水分、粗蛋白质、粗脂肪和粗灰分含量。无氮浸出物含量采用下式计算：无氮浸出物含量＝100％－水分含量－粗蛋白质含量－粗灰分含量－粗脂肪含量。采

用电感耦合等离子体原子发射光谱法（ICP－AES法）检测脏壳粉中钙（Ca）、镁（Mg）、铁（Fe）、锰（Mn）、锌（Zn）、铜（Cu）、铬（Cr）、砷（As）、汞（Hg）、镉（Cd）、铅（Pb）等矿物质的含量。

②形体指标、饵料系数、特定生长率测定。养殖实验结束后，准确称取各重复实验鱼末重（FW）。从各重复中随机选取 4 尾鱼，用丁香酚麻醉，逐尾称取体质量，测体长，解剖后取出内脏，称内脏重。根据以下公式计算各形体指标：肥满度（CF, g/cm^3）＝鱼体质量（g）/体长（cm^3）；脏体指数（VSI, %）＝内脏重（g）/末重（g）×100%；饵料系数（FCR, %）＝饲料摄入总量（g）/鱼体总增重（g）×100%；特定生长率（SGR, %/d）＝（ln 末重－ln 初始重）/实验天数（d）×100%。

③石蜡组织切片制作。分离并采集普通鲫相同部位肝胰脏组织，于 4%甲醛溶液中固定 24 h，再用微流水冲洗 2 h；参照相关文献制作各组鲫肝胰脏的石蜡组织切片，并于连续变倍摄影显微镜下观察和拍照。

（4）数据分析　采用 Excel 2010 软件对实验数据进行整理和计算，实验结果均以平均值±标准差表示。采用 SPSS 19.0 软件对结果进行单因素方差分析和 Duncan 氏多重比较，显著性水平设为 0.05。

2. 结果及分析

（1）小龙虾脏壳粉感官性状及营养成分含量　人工养殖小龙虾虾肉重仅占虾体总重的 18.93%，虾头与躯壳则占了虾体总重的 81.07%（图 8-1）。脏壳粉颜色呈深褐色，粉末颜色较均匀，手捻可见明显油光，有粗糙感，粘手，捻后成团，强捻可散落，有较强的腥味和不良刺激性气味。脏壳粉中营养成分含量由高到低依次为粗灰分、粗蛋白质、无氮浸出物和粗脂肪（图 8-1）。小龙虾脏壳粉中钙含量最高，其次是镁，微量元素含量由高到低依次是铁、锰、锌、铜、砷、铬、铅、镉，汞则未检出（表 8-14）。

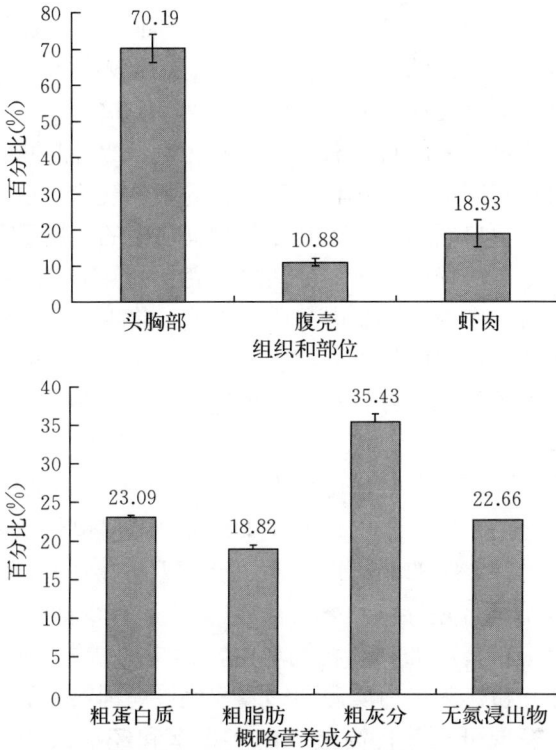

图 8-1　人工养殖小龙虾不同组织和部位占虾体质量百分比（上，鲜样基础）及脏壳粉营养成分含量（下，干样基础）

表 8-14　小龙虾脏壳粉中各种矿物质含量（干物质基础，mg/kg）

元素	含量	元素	含量	元素	含量
钙	97 146.65±2 471.26	镁	1 934.95±57.61	锌	136.88±41.13
铜	58.03±0.78	铁	698.01±78.33	锰	359.37±7.04
铬	5.19±0.01	铅	2.59±0.56	镉	0.100±0.00
砷	6.99±8.19	汞	未检出		

小龙虾脏壳粉包含虾壳和内脏两部分，而内脏中蛋白质和脂肪

等有机物含量高，如氨基酸含量与鱼粉相近，较肉骨粉更丰富；肝胰腺中脂肪酸种类高达 24 种，明显高于虾肉中 20 种脂肪酸（周剑等，2020），故小龙虾脏壳粉的营养价值往往较小龙虾壳粉高。但是，由于小龙虾脏壳粉中粗脂肪含量高达 18.82%，在干燥和储藏过程中极易通过脂质的自动氧化产生醛、酮、醇等腥味物质，使小龙虾脏壳粉具有明显的腥味和一定程度的刺鼻气味，这一定程度上降低了饲料的适口性和影响了其在动物饲料中的使用量。如果能够通过改善干燥方法和脱腥技术等消除脏壳粉的异味，进一步分析脏壳粉替代饲料蛋白源对鲫肌肉品质的影响，将更有利于实现小龙虾虾壳资源在动物饲料中的充分利用。

（2）脏壳粉替代菜籽粕对鲫特定生长率、饲料效率及形体指标的影响　鲫平均日增重、特定生长率和脏体比随脏壳粉替代比例增加先上升后下降，并在替代比例为 8% 时达到最大（表 8-15）；饵料系数仅 D4 组高于对照组（D0），D8 和 D12 组饵料系数接近且均低于对照组；D12 组的肥满度显著高于（$P < 0.05$）D4 和 D8 组，但与对照组无显著差异（$P > 0.05$）。目前，有少数研究者将小龙虾虾壳制成干粉，添加到动物饲料中，如胡德新等（1994、1996）将小龙虾虾壳粉作为蛋白质源和钙源替代蛋鸡饲料中的进口鱼粉和国产鱼粉，发现可显著提高蛋鸡的产蛋率和经济效益。舒新亚等（2009）用小龙虾加工废弃物代替饲料中的鱼粉来养殖小龙虾幼虾，51 d 后发现幼虾平均增重和平均增重率均无显著差异，表明小龙虾加工废弃物作为动物蛋白源替代鱼粉是可行的。陈天忠（2007）以小龙虾虾头和虾壳匀浆为主要原料用于制作中华鳖饲料，投喂 90 d后，发现中华鳖的成活率显著提高，同时还节省了养殖成本和改善了中华鳖的品质。石天亮等（2013）、江辉等（2013）的研究表明，新鲜虾壳粉用作中华鳖的饲料蛋白源，既可降低中华鳖的养殖成本，又能利用虾壳中虾青素的自然添加增强中华鳖的免疫机能和提高成活率。叶玉珍（1990）用小米虾和虾壳粉代替鱼粉养殖鲤，发现鲤的摄食能力增强，养殖效果良好。本研究部分结果与上述研究类似，在鲫的饲料中用 8% 小龙虾脏壳粉替代相应比例菜籽粕，可提高鱼类的平均日增重和特定生长率，降低饵料系数，提高养殖效益。鲫特定生长率的提高和饵料系数的降低可能与适量使用脏壳粉可以大大减少鲫肝脂沉积量和增加鲫前肠肠绒毛高度等有关。

表 8 - 15　脏壳粉替代菜籽粕对鲫特定生长率、饵料效率及形体指标的影响

组别	初始体重 (g)	末重 (g)	平均日增重 (mg/d)	特定生长率 (%/d)	饵料系数	肥满度 (g/cm³)	脏体比
D0	4.97±0.06[a]	7.90±0.98[a]	48.93±8.98[a]	0.89±0.10[a]	2.95±0.09[a]	2.98±0.22[a]	8.72±1.62[a]
D4	4.94±0.15[a]	9.90±0.51[c]	82.77±7.24[c]	0.92±0.07[a]	3.00±0.04[b]	2.85±0.30[b]	9.30±1.78[b]
D8	4.78±0.13[a]	10.62±0.86[c]	97.32±4.35[d]	1.11±0.03[b]	2.66±0.05[a]	2.70±0.30[a]	9.47±1.45[b]
D12	4.89±0.14[a]	9.05±0.59[b]	69.38±7.55[b]	1.02±0.06[ab]	2.69±0.18[a]	3.01±0.31[c]	9.41±1.55[b]

注：同列数据相同肩标字母表示差异不显著（$P>0.05$），不同肩标字母表示差异显著（$P<0.05$）。

（3）脏壳粉替代菜籽粕对鲫体成分的影响　用不同比例脏壳粉替代菜籽粕，对鲫的水分和粗灰分含量影响不大（表 8 - 16）。替代比例为 4% 时，鱼体粗脂肪和无氮浸出物含量均显著高于（$P<0.05$）其他组。脏壳粉替代菜籽粕均不同程度地降低了鱼体粗蛋白质含量，但相比于 D4 和 D12 组，D8 组鱼体蛋白质含量最高，粗脂肪含量最低。

表 8 - 16　脏壳粉替代菜籽粕对鲫体成分的影响（鲜样基础，%）

组别	水分	粗灰分	粗脂肪	粗蛋白质	无氮浸出物
D0	73.57±0.81[a]	3.34±0.19[a]	6.77±1.08[b]	15.11±0.46[c]	1.21±0.02[a]
D4	73.48±0.92[a]	3.38±0.08[a]	7.15±0.57[c]	13.85±1.28[a]	2.14±0.88[c]
D8	73.60±0.39[a]	3.64±0.14[a]	6.21±0.29[a]	14.97±0.29[b]	1.59±0.29[b]
D12	73.64±0.47[a]	3.64±0.43[a]	6.32±0.48[a]	14.80±0.48[b]	1.59±0.43[b]

注：同列数据相同肩标字母表示差异不显著（$P>0.05$），不同肩标字母表示差异显著（$P<0.05$）。

鱼体成分含量，尤其是蛋白质和脂肪含量是影响鱼肉营养价值的重要指标。本研究中，随着饲料中小龙虾脏壳粉比例增加，饲料

蛋白质水平逐渐下降，饲料脂肪水平逐渐增加，鱼体蛋白质与脂肪水平含量呈不规律变化，全鱼蛋白质与脂肪含量分别为 13.85%～15.11%及 6.21%～7.15%。据报道，在蛋白质水平几乎不变的条件下，随着饲料脂肪水平从 3.88%逐渐上升到 13.52%，额尔齐斯河银鲫全鱼脂肪含量由 6.67%逐渐增加至 9.77%，蛋白质水平则由 16.83%逐渐上升至 17.53%；在脂肪水平相当的情况下，随饲料蛋白质水平从 30.18%逐渐增加至 45.16%，方正银鲫幼鱼全鱼蛋白质及脂肪含量均先升后降，并以饲料蛋白质水平为 36.16%的试验组最高，分别为 14.70%和 7.41%。上述结果表明，本研究所得鱼体蛋白质和脂肪含量与其他研究者的结果比较接近。尽管饲料中不同的碳水化合物与脂肪比例对鱼体蛋白质含量影响不大，但却显著影响鱼体脂肪含量。许多研究均表明，饲料中不同脂肪源可显著影响鱼体粗脂肪含量。由此可见，饲料蛋白质、脂肪、碳水化合物的来源及其水平对鱼体营养成分含量，尤其是蛋白质和脂肪含量的影响较大。饲料中添加 50～200 mg/kg 虾青素可以显著提高泥鳅全鱼的蛋白质含量，但对全鱼脂肪含量影响不大（姚金明等，2020）。本研究中鱼体蛋白质与脂肪含量却并未随脏壳粉替代比例增加与虾青素含量增多而呈规律变化，这可能与鱼类不同以及脏壳粉替代比例不高，虾青素整体含量较少等有关。

（4）脏壳粉替代菜籽粕对鲫肝脏组织结构的影响　对照组（D0）鲫多数肝细胞的细胞核移向细胞的一侧，且可见明显的脂肪空泡（图 8-2）；D4、D8 和 D12 组鲫肝细胞形状相对较规则，细胞核位置均比较正常，且均未见明显脂肪空泡。

皮下、肠管外、肝脏、腹部等是鱼类脂肪沉积的重要部位，冯健等（2004）、向枭等（2013）研究表明，相同能量水平下，鱼类脂肪的沉积量随饲料脂肪水平升高而增加；徐奇友等（2012）的研究也表明饲料脂肪含量大于 11%时，松浦镜鲤幼鱼肝脂沉积增加，肝细胞核偏移，肝组织出现空泡化和肿胀。上述研究表明，鱼饲料中脂肪含量过高可能引起鱼体肝脂过量沉积。本研究中，随着脏壳粉添加量增加，鲫饲料脂肪水平逐渐上升，但仅对照组鲫的肝脂沉

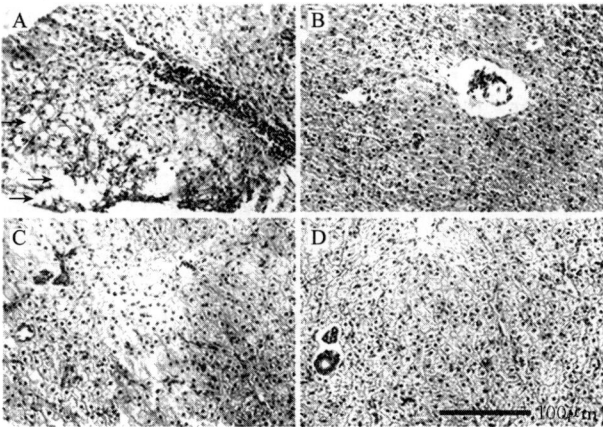

图 8-2　脏壳粉替代菜籽粕对鲫肝脂沉积的影响（×200，箭头示脂肪空泡）
A. D0 组　B. D4 组　C. D8 组　D. D12 组

积较明显，肝组织可见明显空泡化，其余各试验组鲫肝组织均比较正常，即鲫肝脂沉积量并未随饲料脂肪水平增加而增加。导致这一现象的主要原因是相对于对照组，随着小龙虾脏壳粉替代菜籽粕比例的逐渐增加，饲料能量和蛋白质水平均逐渐下降。这在一定程度上说明饲料能量水平的整体增加比单纯的脂肪水平增加更易导致鱼体肝脂沉积增多。

　　总体来看，小龙虾脏壳粉（以干物质计）中蛋白质含量约为 23.09%，可以作为蛋白质饲料用于鲫配合饲料中。用 4%、8% 和 12% 的小龙虾脏壳粉替代鲫饲料中的相应比例的菜籽粕均可不同程度地提高鲫的特定生长率和降低饵料系数，同时明显降低肝脏脂肪沉积量。用小龙虾脏壳粉替代鲫饲料中的菜籽粕时，替代比例以 8% 为宜。

三、小龙虾虾壳在畜、禽饲料中的应用

　　目前，有关虾壳在畜、禽饲料中的应用研究很少；仅有少数研究，主要以龙虾虾壳为主，如胡德新等（1994）在蛋鸡日粮中，用

6%龙虾壳粉替代3%国产鱼粉，结果发现可显著提高蛋鸡的产蛋率。饲料中添加龙虾壳粉后，蛋黄颜色呈深橘红色，明显优于未添加虾壳粉组。同时，由于龙虾壳粉钙含量较高，可减少配方中贝壳粉的用量，降低饲料成本。另外，在肉用仔鸡日粮中，用8%、6%和5%的龙虾壳粉分别替代5%、4%和3%的国产鱼粉，发现对肉仔鸡的生长速度无明显影响，但可降低饲料成本和提高经济效益。同时，鸡饲料中使用龙虾虾壳粉，可防止因鱼粉质量低下、带菌、带毒所造成的相关疾病传播，起到净化鸡群疫病的作用。上述研究表明，龙虾虾壳粉可以有效替代国产鱼粉。但是，目前有关虾壳粉在畜、禽饲料中的应用仅涉及蛋鸡和肉仔鸡，其他家禽以及猪饲料中的应用效果尚未涉及。另外，已有的少数研究的内容还比较浅，只研究了虾壳粉对家禽生长、生产和养殖效益等方面的影响，对饲料消化率、肌肉品质以及免疫指标的影响等方面的研究还尚未开展。小龙虾作为重要的经济水产品之一，养殖量呈逐渐增长趋势，但小龙虾虾壳在畜、禽饲料中的应用研究目前还未见报道。影响虾壳在动物饲料中的应用研究的主要因素，可能是小龙虾虾壳能吸附重金属，以及虾头可能含有大量细菌和寄生虫等，因此，小龙虾虾壳中重金属富集状况，以及虾头中细菌和寄生虫含量也有待进一步研究。

综上所述，小龙虾虾壳应用研究虽然取得了一些进展，但多局限于对虾壳中蛋白质、钙、甲壳素、壳聚糖、虾青素及虾红素等活性成分的提取和应用方面，有关小龙虾虾壳在动物饲料中的应用研究还很缺乏。小龙虾虾壳的综合利用与开发程度总体来看还很低，这导致小龙虾虾壳基本上以废弃物形式被浪费掉。虽然已有部分学者对虾壳中蛋白质、氨基酸以及钙进行了检测与分析，但是有关虾壳的能值、脂肪、呈味物质、重金属等含量还未见系统的研究和报道，即有关小龙虾虾壳的营养成分和有害成分分析还缺乏系统性。在比较全面地分析小龙虾虾壳中各种成分含量的基础上，深入研究小龙虾虾壳在畜禽等动物饲料中的应用，将对饲料资源开发与环境保护均具有重要的作用和意义。

四、小龙虾虾壳在食品、医药和化工领域的应用

小龙虾虾壳中含有多种活性成分或重要的功能物质，如虾青素和甲壳素等。有关小龙虾虾壳中活性成分的提取和应用研究也较多，主要集中在蛋白质、钙、甲壳素、虾青素等的提取方面，如提取的甲壳素可广泛用于食品、医药和化工等领域。

据报道，虾壳中含蛋白质 20%～40%，氨基酸组成均衡，且必需氨基酸与 WHO/FAO 推荐的必需氨基酸模式相近（陈丙卿，1981）。近年来，不少研究者用酶解法提取小龙虾虾壳中的蛋白质，例如姜震等（2009）使用 1.5% 碱性蛋白酶，在 50 ℃、固液比 3∶1（m/v）、pH 8.0 条件下提取 3 h，最终蛋白质提取率为 45.76%。国外有研究者报道，虾壳蛋白富含必需氨基酸和多种风味氨基酸，从虾壳提取出的蛋白质不仅具有较好的抗氧化活性，对金黄色葡萄球菌和大肠杆菌均有较好的抑制效果，还可配制成虾油或者制成蛋白粉作为动物饲料的蛋白源。

小龙虾虾壳中钙含量约为 13%，如李亚楠等（2013）用柠檬酸、苹果酸、乳酸等有机酸从虾壳中提取钙，钙的提取量高达 126.04 mg/g；而廖晓峰等（2010）用胰蛋白酶水解法提取小龙虾虾壳中的生物蛋白钙，提取量达 5.8%。另外，小龙虾虾壳因钙含量高，吸附性较好，可用来制备复合生物吸附材料，以解决环境污染问题。

甲壳素主要存在于昆虫和甲壳动物的外骨骼，以及某些细菌和真菌的细胞壁中。甲壳素的提取方法主要有传统的强酸、强碱提取法和较先进的超声辅助 EDTA 提取法。蔚鑫鑫等（2013）用盐酸和氢氧化钠从小龙虾壳提取甲壳素，提取率达 16.52%。甲壳素在人体食物的消化吸收、血管的保健，以及高血压、高血脂、高血糖等慢性非传染性疾病的预防等方面均具有重要作用。甲壳素的应用非常广泛，已成为制作隐形眼镜、缝合线，以及人造皮肤、透析膜、血管等的材料。甲壳素也可作为植物的抗病毒剂、杀虫剂以及水产饲料中的功能性饲料添加剂。提取的甲壳素可以作为食品填充

剂、调味剂、果汁的脱色剂，广泛应用于食品行业。甲壳素在化妆品、美容剂以及布料、衣物、纸张和水处理等方面的应用也比较多。

虾青素的抗氧化作用很突出，是一种很好的抗氧化剂。在小龙虾体内，虾青素主要存在于虾头内的虾黄和虾壳中。提取虾青素常采用的方法有碱提法、油溶法、有机溶剂萃取法以及超临界 CO_2 萃取法等。小龙虾虾壳湿料中虾青素含量为 $80\sim90~\mu g/g$（姜启兴等，2004），远高于明虾和南极磷虾虾壳，二者分别为 $34.43~\mu g/g$ 和 $55.75~\mu g/g$（毛丽哈·艾合买提等，2013；Sachindra 等，2007）。不同研究者采用不同提取方法，从不同种类的虾壳中提取到的虾青素含量存在较大差异，例如 Alvarez 等（1990）采用有机溶剂萃取法，从冷冻干燥的南极磷虾废弃物中提取虾青素，提取率高达 $129.5~\mu g/g$；侯会绒（2015）以克氏原螯虾虾壳为原料，采用超声波辅助方法提取虾青素，在料液比为 $1:18.2~(m/v)$、超声波功率 163 W、超声作用时间 29.4 min 条件下，提取的虾青素含量为 $62.52~\mu g/mL$。目前，虾青素主要作为功能性色素广泛应用于食品、水产养殖动物及化妆品等领域。从生物组织中提取到的天然虾青素主要作为食品添加剂广泛用于食品的保鲜和动物产品着色，以及功能性物质强化方面。虾青素作为畜、禽、水产动物的饲料添加剂，用于畜、禽、鱼类和虾蟹等的配合饲料时，可以提高畜、禽和水产动物的成活率、繁殖力，并改善动物的体色、肉质和健康状况。随着对虾青素生理功能及药理作用研究的深入，虾青素对人体心血管、神经、眼、皮肤等方面的疾病的防治效果也受到了科学界的关注。

参 考 文 献

柴继芳，周春芳，贾俊威，2010. 利用配合饲料精养克氏原螯虾的试验 [J]. 畜牧与饲料科学，31 (1)：49-50.

陈丙卿，1981. 营养与食品卫生学 [M]. 3 版. 北京：人民卫生出版社.

陈畅，陈玉露，卜云光，等，2015. 重庆地区小龙虾养殖池塘建造技术要点 [J]. 南方农业，9 (34)：51-52.

陈东清，汪兰，熊光权，等，2019. 电子束辐照对蒸煮小龙虾品质及货架期的影响 [J]. 辐射研究与辐射工艺学报，37 (3)：39-45.

陈度煌，李学贵，樊海平，等，2014. 不同蚕豆和大豆提取物对罗非鱼生长和肉质脆化的影响 [J]. 福建农业学报，29 (1)：12-16.

陈海花，2018. 淡水小龙虾池塘养殖管理技术要点推广 [J]. 江西水产科技 (4)：26-27.

陈天忠，2007. 龙虾加工副产品虾头、虾壳在中华鳖日粮中综合利用 [D]. 长沙：湖南农业大学.

陈晓方，2021. 小龙虾苗种投放应注意的几个要点 [J]. 渔业致富指南 (12)：35-37.

陈萱，梁运祥，陈昌福，2005. 发酵豆粕饲料对异育银鲫非特异性免疫功能的影响 [J]. 淡水渔业，35 (2)：6-8.

陈勇，李朝晖，唐宁，等，2011. 饲料形状对克氏原螯虾摄食率和生长的影响 [J]. 湖北农业科学，50 (9)：1859-1860.

成爱兰，卢程，2019. 小龙虾土池繁殖试验 [J]. 水产养殖，40 (12)：21-22.

成学山，2015. 淡水小龙虾六种养殖模式 [J]. 农家顾问 (21)：50-51.

程东海，颉志刚，2012. 饲料蛋白水平和动物蛋白源对克氏原螯虾存活和生长的影响 [J]. 安徽农业科学，40 (22)：11311-11313.

程华，唐玉华，2018. 小龙虾选苗与放苗技术 [J]. 渔业致富指南 (17)：40-42.

程立宝，张广兵，沈致广，等，2021. 小龙虾和莲藕套养对小龙虾肉质中重要品质的影响 [J]. 现代农业（3）：40-41.

程小飞，宋锐，向劲，2021. 不同养殖模式和野生克氏原螯虾肌肉营养成分分析与评价 [J]. 现代食品科技，37（4）：87-95.

崔阳阳，姜启兴，许艳顺，等，2014. 浸渍入味对冷冻熟制小龙虾品质的影响 [J]. 食品工业科技，35（14）：297-300.

邓慧芳，2018. 不同光照和饲料对克氏原螯虾生长、非特异性免疫酶及体成分的影响 [D]. 荆州：长江大学.

丁建英，康珊，徐建荣，2010. 东北螯虾和克氏原螯虾肌肉营养成分比较 [J]. 食品科学，31（24）：427-431.

丁玉琴，刘友明，熊善柏，2011. 鳡与草鱼肌肉营养成分的比较研究 [J]. 营养学报，45（4）：374-379.

董超，郑友，黄成，2016. 配合饲料和鱼肉"间隔-轮转"投喂对克氏原螯虾生长的影响 [J]. 水产科学，35（1）：72-76.

董育朝，黄敏，2008. 淡水小龙虾养殖户如何使用配合饲料 [J]. 北京水产（4）：68-70.

董志俭，孙丽平，唐劲松，等，2017. 不同干燥方法对小龙虾品质的影响 [J]. 食品研究与开发，38（24）：4-7.

董志俭，孙丽平，张焕新，等，2017. 盐煮对小龙虾感官和理化品质的影响 [J]. 食品研究与开发，38（18）：104-107.

杜雪莉，张凌晶，杨欣怡，等，2022. 4 种饲料养殖小龙虾营养分析及品质评价 [J]. 食品安全质量检测学报，13（2）：576-584.

范海龙，朱华平，范大明，等，2020. 微波加热对小龙虾品质的影响 [J]. 食品工业科技，41（18）：8-16.

封功能，王爱民，邵荣，等，2011. 克氏原螯虾不同生长阶段营养成分分析与评价 [J]. 江苏农业，39（4）：383-385.

冯定远，2003. 配合饲料学 [M]. 北京：中国农业出版社.

高腾，郭赞美，余志聪，2021. 池塘和稻田养殖模式下小龙虾肌肉营养成分的比较 [J]. 江西水产科技（5）：2-5.

耿胜荣，熊光权，李新，等，2017. 不同灭菌处理对小龙虾品质的影响 [J]. 湖北农业科学，56（12）：2324-2327.

韩光明，张家宏，王守红，等，2015. 克氏原螯虾生长规律及大规格生态养殖的关键技术和效益分析 [J]. 江西农业学报，27（2）：91-94.

何晓萌，黄卉，李来好，等，2018. 罗非鱼与四种海水鱼混合鱼糜的凝胶特性［J］. 食品工业科技，39（6）：8-12.

何亚丁，华雪铭，赵朝阳，等，2013. 克氏原螯虾的脂肪需求量及饲料中脂肪与糖类适宜比例的研究［J］. 动物营养学报，25（5）：1017-1024.

何志刚，Correia A M，2018. 稻田小龙虾（*Procambarus clarkii*）食物选择分析［J］. 饲料与畜牧（9）：35-41.

何志刚，王冬武，李金龙，等，2017. 克氏原螯虾废弃物综合处理及在饲料中的应用［J］. 江西饲料（3）：1-6.

洪伟，周春霞，洪鹏志，等，2013. 水产品腥味物质的形成及脱腥技术的研究进展［J］. 食品工业科技，34（8）：386-389.

侯会绒，孙兆远，贡汉坤，等，2015. 超声波提取克氏原螯虾壳中虾青素［J］. 食品与发酵工业，41（9）：209-214.

胡德新，1996. 克氏螯虾粉代替鱼粉饲喂肉仔鸡效果观察［J］. 饲料研究（4）：20.

胡德新，包火萍，徐圣兵，等，1994. 克氏螯虾粉在蛋鸡生产上的应用［J］. 中国禽业导刊（3）：41.

黄春红，梁洲勇，陈蕴，2019. 小龙虾饲料及营养研究现况［J］. 饲料研究，42（12）：52-54.

黄春红，梁洲勇，陈蕴，等，2020. 不同饲料对小龙虾日摄食率、消化率、生长及肌肉品质的影响［J］. 动物营养学报，32（5）：2361-2368.

黄春红，马士龙，包学太，等，2021. 小龙虾脏壳粉替代菜籽粕对鲫鱼特定生长率、体成分及肝胰脏组织结构的影响［J］. 饲料研究（6）：70-74.

黄书楼，王长安，刘旭慧，2017. 稻田小龙虾养殖实验技术规范［J］. 江西农业（13）：7.

贾丽娟，王广军，夏耘，等，2022. 不同地区稻田养殖小龙虾生理代谢、肌肉品质及营养价值比较［J］. 甘肃农业大学学报，57（1）：188-197.

姜启兴，夏文水，2004. 影响酶法回收螯虾加工下脚料中虾青素及蛋白质的因素研究［J］. 食品工业科技（7）：54-56.

姜震，余顺火，王荣，等，2009. 酶解法提取龙虾废弃物中蛋白质的工艺研究［J］. 现代食品科技，25（2）：185-187.

瞿桂香，马文慧，董志俭，等，2021. 小龙虾肉脯的工艺优化［J］. 食品工业科技，42（3）：158-164.

瞿桂香，钱文霞，董志俭，等，2020. 响应面优化即食椒盐小龙虾的加工工艺

[J]. 保鲜与加工，20 (6)：131 - 136.

冷向军，王文龙，周洪琪，等，2006. 不同大豆产品替代鱼粉饲养南美白对虾的试验 [J]. 淡水渔业，36 (3)：47 - 49.

李婵，2021. 稻田养殖小龙虾增产增效技术 [J]. 河南农业 (22)：60 - 61.

李飞，刘士力，卞玉玲，等，2021. 池塘和稻田养殖克氏原螯虾肠道微生物对比分析 [J]. 安徽农业大学学报，48 (3)：423 - 428.

李高尚，陈燕婷，宣仕芬，等，2019. 不同处理方式对虾蛄脱壳效率及肌肉品质的影响 [J]. 核农学报，33 (8)：1551 - 1558.

李林春，2005. 南湾水库日本沼虾和克氏螯虾肌肉营养成分分析 [J]. 水利渔业，25 (3)：28 - 29.

李铭，董卫军，徐加元，等，2007. 维生素 E 对克氏原螯虾生殖的影响 [J]. 水产学报，31 (S1)：65 - 68.

李强，2013. 克氏原螯虾对饲料中磷的需求量 [J]. 华中农业大学学报，32 (2)：109 - 115.

李锐，江祖彬，童光森，等，2019. 即食麻辣小龙虾加工工艺研究 [J]. 食品研究与开发，40 (5)：138 - 143.

李伟，李亚楠，王海滨，等，2013. 小龙虾副产物中钙的提取条件研究 [J]. 武汉轻工大学学报 (2)：19 - 21.

李伟芳，耿静，翟增秀，等，2015. 恶臭物质的嗅觉阈值与致臭机理研究概况与展望 [J]. 安全与环境学报，15 (3)：327 - 330.

李翔宇，舒敏，郭小龙，等，2015. DHA 油脂稳定性及不良气味物质研究 [J]. 食品科技，40 (3)：305 - 308.

李肖婵，林琳，朱亚军，等，2020. 巴氏杀菌和超高压杀菌对即食小龙虾货架期的影响 [J]. 渔业现代化，47 (4)：83 - 88.

李新，汪兰，乔宇，等，2021. 油炸过程中淡水小龙虾理化性质与品质变化 [J]. 肉类研究，35 (9)：1 - 6.

李亚楠，王海滨，王琦，2013. 小龙虾副产物中钙的提取条件研究 [J]. 武汉轻工大学学报 (2)：19 - 21.

梁正其，旷慧七，秦国兵，等，2021. 不同地区养殖的小龙虾的肌肉营养成分分析与评价 [J]. 农业与技术，41 (20)：117 - 121.

廖晓峰，于荣，2010. 小龙虾壳中生物蛋白钙提取工艺 [J]. 食品研究与开发，31 (9)：82 - 86.

刘文斌，2013. 克氏螯虾的营养需求研究及饲料应用展望 [J]. 经济动物学报，17（1）：1-4.

刘文浩，徐晓云，吴婷，等，2021. ε-聚赖氨酸盐酸盐对气调包装即食小龙虾的保鲜效果研究 [J]. 中国调味品，46（8）：12-16.

刘永涛，董靖，夏京津，等，2019. 不同饲料对稻田养殖克氏原螯虾肌肉质构特性和营养品质的影响 [J]. 浙江农业学报，31（12）：1996-2004.

刘永涛，董靖，夏京津，等，2020. 不同饲料对稻田养殖克氏原螯虾生长、非特异性免疫酶及体成分的影响 [J]. 中国渔业质量与标准，10（1）：43-51.

卢丽群，2010. 水芹和克氏原螯虾、鱼类轮作混养技术初探 [J]. 科学养鱼，31（3）：25-26.

鲁耀鹏，张秀霞，李军涛，等，2019. 饲料蛋白质水平对红螯螯虾幼虾生长、肌肉组成和酶活性的影响 [J]. 江苏农业科学，47（10）：181-185.

罗力坚，曲祥瑞，陈清武，等，2017. 一种生物除臭方法及装置的研究 [J]. 环境科学与管理，42（1）：94-97.

马士龙，包学太，杨琦，等，2019. 小龙虾虾壳研究与应用现状分析 [J]. 饲料研究（6）：69-71.

毛丽哈·艾合买提，吐力吾汗·阿米汗，阿布都拉·艾尼瓦尔，2013. 虾壳虾青素的提取及其稳定性研究 [J]. 食品安全质量检测学报，4（3）：905-910.

毛涛，喻亚丽，何力，等，2020. 不同体色和规格克氏原螯虾营养品质差异的研究 [J]. 淡水渔业，50（6）：77-82.

米海峰，徐玮，麦康森，等，2011. 饲料中大豆异黄酮和大豆皂苷对牙鲆肝脏和肠道蛋白质消化酶活性和基因表达的影响 [J]. 中国海洋大学学报（自然科学版），41（12）：40-45.

农业农村部渔业渔政管理局，全国水产技术推广总站，中国水产学会，2018. 2018 中国渔业统计年鉴 [M]. 北京：中国农业出版社.

农业农村部渔业渔政管理局，全国水产技术推广总站，中国水产学会，2021. 2021 中国渔业统计年鉴 [M]. 北京：中国农业出版社.

彭刚，刘伟杰，李佳佳，等，2010. 长江流域 3 个克氏原螯虾野生群体遗传结构的微卫星分析 [J]. 江苏农业学报，26（5）：1115-1117.

钱辉跃，2004. 黄鳝肌肉组织成分的测定和评价 [J]. 养殖与饲料，8（8）：31-32.

秦晓，王锡昌，陶宁萍，2015. 养殖暗纹东方鲀蒸制鱼肝中特征气味物质的鉴定 [J]. 食品工业科技，36（14）：57-68.

邵光明，谭红月，王玉凤，2017. 饲料中添加维生素 A、C 和 E 对克氏原螯虾生长和免疫力的影响 [J]. 水产养殖，38（4）：46-52.

石天亮，江辉，肖乃虎，等，2013. 新鲜虾壳粉在中华鳖饲喂中的应用 [J]. 当代水产（10）：74-75.

舒新亚，雷晓中，张良明，2009. 克氏原螯虾加工废弃物在饲料中替代鱼粉的应用 [J]. 渔业致富指南（9）：55-57.

宋光同，丁凤琴，武松，等，2015. 维生素 C、E 及高度不饱和脂肪酸交互作用对克氏原螯虾繁殖性能的影响 [J]. 水产科学，34（1）：43-47.

孙劲冲，2019. 微生物饲料应用现状及发展趋势 [J]. 畜牧兽医科学（13）：157-158.

孙明明，王萍，李智媛，等，2018. 大豆活性成分研究进展 [J]. 大豆科学，37（6）：975-983.

孙悦，王广军，张军旺，等，2019. 广东地区稻田养殖克氏原螯虾体长与体重的关系分析 [J]. 安徽农业科学，47（4）：105-106.

唐玉华，2018. 淡水小龙虾饲料投喂管理技术 [J]. 科学种养，152（8）：55-56.

唐玉华，2021. 小龙虾的亲虾培育 [J]. 新农村（5）：35-36.

田娟，许巧情，田罗，等，2017. 洞庭湖克氏原螯虾肌肉成分分析及品质特性分析 [J]. 水生生物学报，4（4）：870-877.

汪兰，何建军，贾喜午，等，2016. 超高压处理对小龙虾脱壳及虾仁性质影响的研究 [J]. 食品工业科技，37（14）：138-141.

王伯华，朱宝红，杨品红，等，2016. 螺肉盐溶蛋白提取工艺优化及其加工特性 [J]. 食品与机械，32（6）：180-184.

王桂芹，赵朝阳，周鑫，等，2011. 饲料蛋白和能量水平对克氏原螯虾生长和蛋白质代谢的影响 [J]. 华南农业大学学报，32（2）：109-112.

王天神，周鑫，赵朝阳，2012. 3 种饲料对克氏原螯虾生长、免疫酶、氨基酸含量及消化酶活性的影响 [J]. 上海海洋大学学报，21（6）：1011-1016.

王文倩，王琦，叶路漫，等，2018. 小龙虾各部位磷脂分布、种类及其脂肪酸组成特性分析 [J]. 食品科技，43（5）：145-150.

王永华，2010. 食品分析 [M]. 2 版. 北京：中国轻工业出版社.

王雨竹，2020. 小龙虾选苗与放苗技术 [J]. 渔业致富指南（7）：45-48.

蔚鑫鑫，刘艳，吴光旭，2013. 小龙虾壳中甲壳素的提取及壳聚糖的制备 [J]. 湖北农业科学，52（13）：3120-3123.

魏青山，1985. 武汉地区克氏原螯虾的生物学研究 [J]. 华中农学院学报

（1）：16-24.

闻海波，张呈祥，徐钢春，等，2008. 长江刀鲚营养成分分析与品质评价［J］. 广东海洋大学学报，28（6）：20-24.

吴业阳，孙瑞健，米海峰，等，2018. 生物发酵饲料现状及在水产养殖上应用［J］. 中国饲料（13）：60-63.

夏晓飞，郑小婧，王玉凤，2011. 不同开口饵料对克氏原螯虾幼虾发育及消化酶活性的影响［J］. 水产养殖，32（7）：16-21.

徐晨，葛庆丰，诸永志，等，2019. 不同地区小龙虾营养价值和品质的比较研究［J］. 肉类研究，33（8）：7-11.

徐晨，诸永志，葛庆丰，等，2020. 不同外源蛋白对小龙虾丸品质的影响［J］. 肉类研究，34（4）：20-26.

徐文思，杨祺福，赵子龙，等，2022. 微波熟制对小龙虾营养与风味的影响［J］. 食品与机械，38（2）：216-221.

徐言，陈季旺，楚天奇，等，2020. 盐煮工艺对即食小龙虾品质的影响［J］. 武汉轻工大学学报，39（5）：1-8.

徐增洪，周鑫，水燕，2012. 克氏原螯虾的食物选择性及其摄食节律［J］. 大连海洋大学学报，27（2）：21-22.

严维辉，丁荣，彭刚，等，2009. 克氏原螯虾养殖中种质改良技术［J］. 水产养殖，30（12）：4.

严维辉，史克荣，郝忱，2007. 克氏原螯虾的摄食率试验［J］. 渔业致富指南（18）：54-55.

杨冰，张艳凌，姜绍通，等，2021. 不同地区稻田小龙虾的营养品质比较研究［J］. 肉类研究，35（12）：7-12.

杨海琦，陈季旺，楚天奇，等，2020. 油炸工艺对即食小龙虾品质的影响［J］. 武汉轻工大学学报，39（6）：9-16.

杨琦，马士龙，包学太，等，2019. 小龙虾下脚料营养成分分析与饲用价值评价［J］. 湖南文理学院学报（自然科学版）（2）：30-33.

杨文平，於叶兵，杨兴华，等，2012. 饲料中钙磷水平对克氏原螯虾生长、营养物质表观消化率和水环境的影响［J］. 盐城工学院学报（自然科学版），25（1）：6-10.

杨希妍，杨雅茹，李帅东，等，2022. 宜宾市南溪区小龙虾重金属污染监测及膳食暴露评估［J］. 南方农机，53（9）：65-67.

姚根娣，李秀珍，1981. 罗氏沼虾营养成分的测定［J］. 水产科技情报

（4）：23.

姚根娣，孙振中，郭履骥，等，1993. 克氏原螯虾（*Cambarus clarkii*）含肉率和营养成分分析［J］. 水产科技情报（4）：177-179.

叶韬，陈志娜，吴盈盈，等，2020. 超高压对鲜活小龙虾脱壳效率、肌原纤维蛋白和蒸煮特性的影响［J］. 食品与发酵工业，46（1）：149-156.

于宁，朱站英，冯文和，等，2014. 克氏原螯虾饲料最适能量蛋白质比［J］. 动物营养学报，26（4）：1111-1119.

余宝，兰小燕，何志军，等，2019. 我国微生物发酵饲料研究进展［J］. 现代畜牧科技（10）：6-8.

余桂娟，杨沛，戴济鸿，等，2019. 饲料中添加大豆皂苷对大菱鲆幼鱼生长和肠道健康的影响［J］. 水产学报，43（4）：1104-1115.

余智杰，方春林，贺刚，等，2011. 水草和螺蛳对克氏原螯虾性腺发育的影响［J］. 江西水产科技（4）：5-6.

袁晓泉，2021. 小龙虾苗种生长差异化及分级育种方案［J］. 江西水产科技（5）：29-30.

袁晓泉，2021. 小龙虾苗种选育存在的问题及解决建议［J］. 江西水产科技（4）：3-4.

张龙岗，钟君伟，刘羽清，等，2014. 光照和饵料对克氏原螯虾亲虾性腺发育的影响［J］. 河北渔业（7）：6-7.

张胜金戈，刘小燕，王荣华，等，2017. 淡水小龙虾细菌性疾病的诊断与防治措施［J］. 中国水产（1）：88-90.

张微微，徐维娜，王莹，等，2013. 饲料中赖氨酸水平对克氏原螯虾生长、体组成与消化酶活性的影响［J］. 中国水产科学，20（2）：402-410.

张纹，苏永全，王军，等，2001. 5种常见养殖鱼类肌肉营养成分分析［J］. 海洋通报，20（4）：26-31.

张宗利，周鑫，2014. 发芽小麦对克氏原螯虾生长及非特异性免疫指标的影响［J］. 淡水渔业，44（2）：57-61.

赵成民，聂勤学，2017. 人工精养与自然生存小龙虾肌肉品质差异的初步研究［J］. 当代水产，42（8）：94-95.

赵楠，巫爱军，赵桂华，2019a. 小龙虾真菌病害（一）：病原真菌类群［J］. 水产养殖，40（3）：44-47.

赵楠，巫爱军，赵桂华，2019b. 小龙虾真菌病害（二）：灼斑病［J］. 水产养殖，40（5）：43-46.

赵楠，巫爱军，赵桂华，2019c. 小龙虾真菌病害（三）：黑鳃病［J］. 水产养殖，40（6）：45-48.

郑读，李北平，熊光权，等，2021. 辐照对小龙虾常温贮藏品质的影响［J］. 肉类研究，35（6）：44-49.

郑友，刘国兴，蔡志文，等，2015. 克氏原螯虾对不同浸泡时间玉米粒摄食情况分析［J］. 水产养殖，36（7）：20-23.

周剑，赵仲孟，黄志鹏，等，2021. 池塘和稻田养殖模式下克氏原螯虾肌肉和肝脏营养成分比较［J］. 渔业科学进展，42（2）：162-169.

周结礼，2019. 小龙虾卤制工艺及贮藏方法的研究［D］. 雅安：四川农业大学.

周明珠，陈方雪，邓祎，等，2021. 蒸煮方式对熟制小龙虾尾肉解冻后品质的影响［J］. 肉类研究，35（8）：16-22.

朱杰，2014. 克氏原螯虾和日本沼虾对蛋氨酸需求量的研究［D］. 南京：南京农业大学.

朱凛，万金娟，沈美芳，等，2016. 4种配合饲料对克氏原螯虾幼虾生长及免疫性能的影响［J］. 水产养殖，37（10）：12-16.

朱艳霞，郭玉海，2013. ICP-AES测定肉苁蓉及其提取物中矿质元素含量［J］. 光谱学与光谱分析，33（3）：813-816.

庄柯瑾，陈力，王锡昌，等，2015. DHA/EPA比例对中华绒螯蟹卵巢和肝胰腺中气味物质的影响［J］. 发酵与食品工业，41（10）：140-146.

Ahmed，2022. More evidences for the nutritional quality and future exploitation of the invasive crayfish *Procambarus clarkii*（Girard，1852）from the River Nile，Egypt［J］. Egyptian Journal of Aquatic Research，25：289-308.

Alcorlo P，Geiger W，Otero M，2008. Reproductive biology and life cycle of the invasive crayfish *Procambarus clarkii*（Crustacea：Decapoda）in diverse aquatic habitats of South-Western Spain：implications for population［J］. Fundamental and Applied Limnology，173：197-212.

Artur A N V，Natália M A W，Sarah H D S，et al.，2020. Biochemical-functional parameters of red swamp crayfish *Procambarus clarkii*（Girard，1852）（Crustacea，Cambaridae）female throughout aseasonal cycle in Brazilian Southeast［J］. Marine and Freshwater Behaviour and Physiology，24：47250.

Barbee G C，McClain W R，Lanka S K，et al.，2010. Acute toxicity of chlorantraniliprole to non-target crayfish（*Procambarus clarkii*）associated with rice - crayfish cropping systems [J]. Pest Mangement Science, 66: 996 - 1001.

Berglund A, Rosenqvist G, 1986. Nordic society oikos reproductive costs in the prawn palaemon adspersus: effects on growth and predator vulnerability [J]. Biological Oceanography Crustacea, 33 (12): 1030.

Castañon - Cervantes O, Lugo C, Aguilar M, et al., 1995. Photoperiodic induction on the growth rate and gonads maturation in the crayfish *Procambarus clarkii* during ontogeny [J]. Comparative Biochemistry and Physiology Part A: Physiology, 110 (2): 139 - 146.

Cebrián C, Andreu - Moliner E S, Fernández - Casalderrey A, et al., 1992. Acute toxicity and oxygen consumption in the gills of *Procambarus clarkii* in relation to chlorpyrifos exposure [J]. Bulletin of Environmental Contamination and Toxicology, 49: 145 - 149.

Chen H L, Wang Y J, Zhang J, et al., 2021. Intestinal microbiota in white spot syndrome virus infected red swamp crayfish (*Procambarus clarkii*) at different health statuses [J] Aquaculture, 542: 736826.

Dey S S, Dora K C, 2014. Optimization of the production of shrimp waste protein hydrolysate using microbial proteases adopting response surface methodology [J]. Journal of Food Science and Technology, 51 (1): 16 - 24.

Ehsani A, Jasour M S, 2014. Safety assessment of crayfish (*Astacus leptodactylus* ESCH., 1823) from microbial load and biogenic amines signature: impact of post - catch icing and frozen storage [J]. International Journal of Food Properties, 17 (8): 1714 - 1725.

Hong Y H, Huang Y, Yan G W, et al., 2020. DNA damage, immunotoxicity, and neurotoxicity induced by deltamethrin on the freshwater crayfish, *Procambarus clarkii* [J/OL]. Environmental Toxicology. DOI: 10.1002/tox.23006.

Huang A G, Tu X, Qi X Z, et al., 2019. *Gardenia jasminoides* Ellis inhibit white spot syndrome virus replication in red swamp crayfish *Procambarus clarkii* [J]. Aquaculture, 504: 239 - 247.

Huang P D, Shen G Q, Gong J, et al., 2022. A novel Dicistro - like virus discovered in *Procambarus clarkii* with "Black May" disease [J/OL]. Journal of Fish Disease. DOI: 10.1111/jfd.13309.

Hubbard D M, Robinson E H, Brown P B, et al., 1986. Optimum ratio of dietary protein to energy for red crayfish (*Procambarus clarkii*) [J]. The Progressive Fish-Culturist, 48 (2): 233-237.

Jiang N, Pan X, Gu Z, et al. , 2019. Proliferation dynamics of WSSV in crayfish, *Procambarus clarkii*, and the host responses at different temperatures [J]. Journal of Fish Diseases, 42: 497-510.

Jimenez A G, Kinsey S T, 2015. Energetics and metabolic regulation [J]. Natural History Crustacea, 4: 391-419.

Jover M, Fernandez-Carmona J, Del-Rio M, et al. , 1999. Effect of feeding cooked-extruded diets, containing different levels of protein, lipid and carbohydrate on growth of red swamp crayfish (*Procambarus clarkii*) [J]. Aquaculture, 178 (2): 127-137.

Kong F S, Zhu Y H, Yu H J, et al. , 2021. Effect of dietary vitamin C on the growth performance, nonspecific immunity and antioxidant ability of red swamp crayfish (*Procambarus clarkii*) [J]. Aquaculture, 541: 736785.

Kulkarni G K, Glade L, Fingerman M, 1991. Oogenesis and effects of neuroendocrine tissues on in vitro synthesis of protein by the ovary of the red swamp crayfish *Procambarus clarkii* (Girard) [J]. Journal of Crustacean Biology, 11 (4): 513-522.

Laufer H, Biggers W J, Ahl J S, 1998. Stimulation of ovarian maturation in the crayfish *Procambarus clarkii* by methyl farnesoate [J]. General and Comparative Endocrinology, 111 (2): 113-118.

Lu X, Peng D, Chen X R, et al. , 2020. Effects of dietary protein levels on growth, muscle composition, digestive enzymes activities, hemolymph biochemical indices and ovary development of pre-adult red swamp crayfish (*Procambarus clarkii*) [J]. Aquaculture Reports, 18: 100542.

Lutz C G, Wolters W R, 1999. Mixed model estimation of genetic and environmental correlations in red swamp crawfish *Procambarus clarkii* (Girard) [J]. Aquaculture Research, 30, 153-163.

Mo A, Wang J, Yuan M, et al. , 2019. Effect of sub-chronic dietary L-selenomethionine exposure on reproductive performance of red swamp crayfish, (*Procambarus clarkii*) [J]. Environeantl Pollution, 253: 749-758.

Morolli C, Quaglio F, Rocca G D, et al. , 2006. Evaluation of the toxicity of synthetic pyrethroids to red swamp crayfish (*Procambarus clarkii* Girard,

1852) and Common carp (*Cyprinus carpio* L. , 1758) [J]. Bulletin of Experimental Biology and Medicine, 380 – 381: 1381 – 1394.

Moser J R, Galvan – Alvarez D A, Mendoza Cano F, et al. , 2012. Water temperature influences viral load and detection of white spot syndrome virus (WSSV) in *Litopenaeus vannamei* and wild crustaceans [J]. Aquaculture, 326: 9 – 14.

Palanikumar P, Daffni Benitta D J, Lelin C, et al. , 2018. Effect of *Argemone mexicana* active principles on inhibiting viral multiplication and stimulating immune system in Pacific white leg shrimp *Litopenaeus vannamei* against white spot syndrome virus [J]. Fish and Shellfish Immunology, 75: 243 – 252.

Rodríguez E M, López Greco L S, Medesani D A, et al. , 2002a. Effect of methyl farnesoate, alone and in combination with other hormones, on ovarian growth of the red swamp crayfish, *Procambarus clarkii*, during vitellogenesis [J]. General and Comparative Endocrinology, 125 (1): 34 – 40.

Rodríguez E M, Medesani D A, Greco L S, et al. , 2002b. Effects of some steroids and other compounds on ovarian growth of the red swamp crayfish, *Procambarus clarkii*, during early vitellogenesis [J]. Journal of Experimental Zoology, 292 (1): 82 – 87.

Sachindra N M, Bhaskar N, Siddegowda G S, et al. , 2007. Recovery of carotenoids from ensilaged shrimp waste [J]. Bioresource Technology, 98 (8): 1642 – 1646.

Shao Y, Xiong G, Ling J, et al. , 2017. Effect of ultra – high pressure treatment on shucking and meat properties of red swamp crayfish (*Procambarus clarkia*) [J]. LWT – Food Scienceand Technology, 87 (1): 234 – 240.

Shi L, Xiong G, Ding A, et al. , 2018. Effects of freezing temperature and frozen storage on the biochemical and physical properties of *Procambarus clarkia* [J]. International Journal of Refrigeration, 91 (5): 223 – 229.

Shui Y, Guan Z B, Liu G F, et al. , 2020. Gut microbiota of red swamp crayfish *Procambarus clarkii* in integrated crayfish – rice cultivation model [J/OL]. AMB Express. DOI: 10. 1186/s13568 – 019 – 0944 – 9.

Silveyra G R, Silveyra P, Vatnick I, et al. , 2018. Effects of atrazine on vitellogenesis, steroid levels and lipid peroxidation, in female red swamp crayfish

Procambarus clarkii [J]. Aquatic Toxicology, 197: 136 - 142.

Sommer T R, 2010. Laboratory and field studies on the toxic effects of thiobencarb (Bolero) to the crawfish *Procambarus clarkii* [J]. Journal of the World Aquaculture Society, 14: 434 - 440.

Sun B Z, Quan H Z, Sun F Z, 2016. Dietary chitosan nanoparticles protect crayfish *Procambarus clarkii* against white spotsyndrome virus (WSSV) infection [J]. Fish and Shellfish Immunology, 54: 241 - 246.

Wang H, Shi W J, Wang L J, et al. , 2020. Genetic determination of processing traits in the red swamp crayfish, *Procambarus clarkii* (Girard) [J] . Aquaculture, 529: 735602.

Wang H, Wang L, Shi W J, et al. , 2019. Estimates of heritability based on additive - dominance genetic analysis model in red swamp crayfish, *Procambarus clarkii* [J]. Aquaculture, 504: 1 - 6.

Wiseman S, Thomas J K, Higley E, et al. , 2011. Chronic exposure to dietary selenomethionine increases gonadal steroidogenesis in female rainbow trout [J]. Aquatic Toxicology, 105: 218 - 226.

Wu F, Gu Z M, Chen X R, et al. , 2021. Effect of lipid sources on growth performance, muscle composition, haemolymph biochemical indices and digestive enzyme activities of red swamp crayfish (*Procambarus clarkii*) [J]. Aquaculture Nutrition, 27 (6): 1996 - 2006.

Xue M Y, Jiang N, FanY D, et al. , 2022. White spot syndrome virus (WSSV) infection alters gut histopathology and microbiota composition in crayfish (*Procambarus clarkii*) [J]. Aquaculture Reports, 22: 101006.

图书在版编目（CIP）数据

小龙虾繁养与加工利用技术 / 黄春红著 . —北京：
中国农业出版社，2023.10（2025.11 重印）
ISBN 978-7-109-31193-0

Ⅰ.①小⋯ Ⅱ.①黄⋯ Ⅲ.①龙虾科－淡水养殖②龙
虾科－水产食品－加工利用 Ⅳ.①S966.12②TS254.5

中国国家版本馆 CIP 数据核字（2023）第 191072 号

中国农业出版社出版

地址：北京市朝阳区麦子店街 18 号楼
邮编：100125
责任编辑：周锦玉　　　文字编辑：蔺雅婷
版式设计：杨　婧　　责任校对：张雯婷
印刷：中农印务有限公司
版次：2023 年 10 月第 1 版
印次：2025 年 11 月北京第 3 次印刷
发行：新华书店北京发行所
开本：800mm×1230mm　1/32
印张：5.25
字数：150 千字
定价：28.00 元